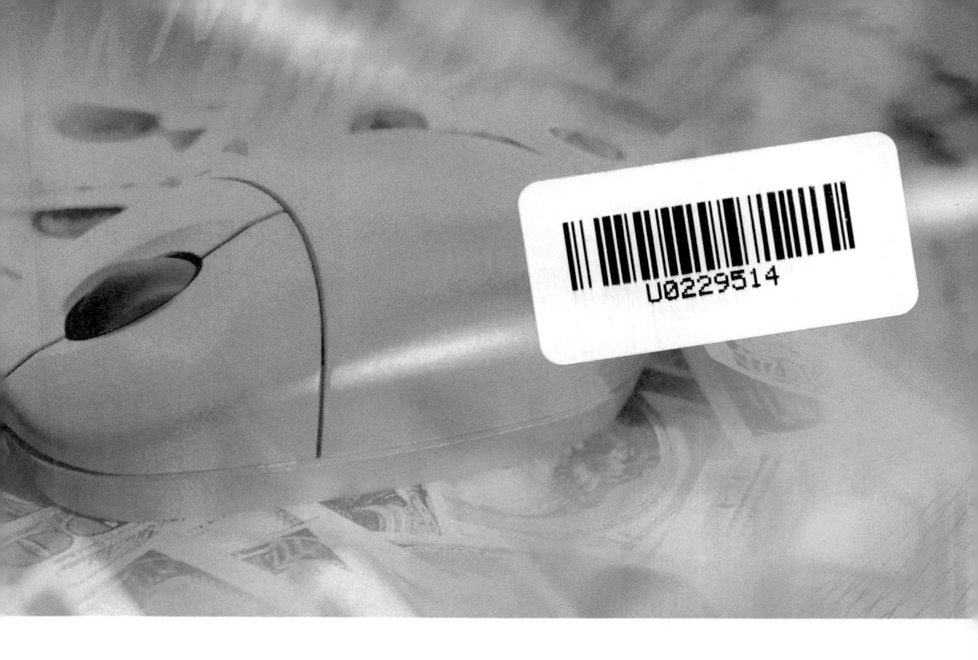

数据馆员的 Python 简明手册

>>> 顾立平 田鹏伟 编著

·北京·

图书在版编目（CIP）数据

数据馆员的Python简明手册 / 顾立平，田鹏伟编著. —北京：科学技术文献出版社，2017. 10（2019.7重印）

ISBN 978-7-5189-3014-2

Ⅰ. ①数…　Ⅱ. ①顾…　②田…　Ⅲ. ①软件工具—程序设计
Ⅳ. ① TP311.561

中国版本图书馆 CIP 数据核字（2017）第 161157 号

数据馆员的Python简明手册

策划编辑：崔灵菲　责任编辑：王瑞瑞　责任校对：张吲哚　责任出版：张志平

出 版 者　科学技术文献出版社
地　　址　北京市复兴路15号　邮编 100038
编 务 部　（010）58882938，58882087（传真）
发 行 部　（010）58882868，58882870（传真）
邮 购 部　（010）58882873
官方网址　www.stdp.com.cn
发 行 者　科学技术文献出版社发行　全国各地新华书店经销
印 刷 者　北京虎彩文化传播有限公司
版　　次　2017 年 10 月第 1 版　2019 年 7 月第 4 次印刷
开　　本　850 × 1168　1/32
字　　数　96千
印　　张　5.75
书　　号　ISBN 978-7-5189-3014-2
定　　价　58.00元

Preface >>>>>>>>> 前言

本手册旨在协助初级数据馆员们能够迅速了解 Python 方面的知识、用途及整体概貌，作为进一步实践操作层面之前的入门基础读物。

数据馆员是能够充分实现开放科学政策、措施、服务的一群新型信息管理人员，他们熟悉数据处理、数据分析、数据权益、数据政策，且具有知识产权与开放获取的知识和经验。

Python 是一种简单易学、功能强大的编程语言，它具有高效率的高层数据结构，可以简单而有效地实现面向对象编程。它语法简洁，支持动态输入，适用于快速的应用程序开发。

简单易懂，其实往往比故作玄虚或者令人费解来的更有价值，这也是 Python 的核心价值之一。本手册旨在系统地介绍 Python 的主要核心知识，由于这门语言还在不断产生新的应用，并且还在不断发展当中，因此人们从各种角度，出版了面向不同程度和需求的 Python 介绍或者专著，本手册是少数简明扼要、有系统性、可操作性强的专著。

本手册包括 10 个部分。第 1 章概述 Python 是什么。第 2 章概述 Python 的流程控制，挑选了一部分重要的计算机语言的内容。第 3 章是 Python 的函数及数据结构，这也是介绍一门计算机语言所不可少的部分。第 4 章是 Python 的异常处理，这是工程实践上重要，但是一般数据分析内容常常忽略的部分。第 5 章是 Python 的数据处理与计算，是学习这门计算机语言的基础。第 6 章是数据描述与分析。第 7 章是绘图与可视化。第 8 章概述数据挖掘。这些章节里都给了一些简单案例，能够操作和直观理解。第 9 章概述 Django 与 Twisted 两个工程应用上的重要内容。附录以截图方式一步步带着完全没有计算机编程经验或者没有数据分析软件操作经验的读者搭建环境和进行初步练习。

我们相信通过本手册读者都能够利用计算机程序高效完成信息分析的任务，可以让你直接掌握绝大部分必须知道的知识点，并且通过上机操作的方式理解它，你会越来越喜欢上并且会越来越擅长这门简单易懂却又千变万化的语言。

编著者

2017 年初春于中关村

Contents

目录

>>>>>>> 第1章

关于 Python

1.1 Python 发展历史

1.1.1 什么是 Python

“python”在英语单词中是蟒蛇的意思（图 1–1）。

图 1–1 蟒蛇图标

Python 语言是少有的一种可以称得上既简单易学又功能强大的编程语言。你将惊喜地发现 Python 语言是多么的简单，它注重的是如何解决问题而不是编程语言的语法和结构。

Python 是一种简单易学、功能强大的编程语言，它有高效率的高层数据结构，简单而有效地实现面向对象编程。

Python 简洁的语法和对动态输入的支持，再加上解释性语言的本质，使得它在大多数平台上的许多领域都是一个理想的脚本语言，特别适用于快速的应用程序开发，具体介绍见 Python 官方网站 https：//www.python.org/（图 1–2）。

图 1–2　Python 官网界面

图 1–3　Guido

1.1.2　Python 的作者

Python 的作者是吉多 · 范罗苏姆（Guido von Rossum）（ 图 1–3），荷兰人。1982 年，Guido 从阿姆斯特丹大学获得了数学和计算机硕士学位。虽然他算得上是一位数学家，但他更加享受计算机带来的乐趣。用他的话说，虽然拥有数学和计算机双料资质，但他更趋向于做计算机相关的工作，并热衷于做任何和编程相关的事情。

1.1.3　Python 的历史

Python 语言诞生于 1989 年。在阿姆斯特丹，圣诞节 Guido 在家中正为 ABC 语言编写一个插件。ABC 语言是由荷兰的数学与计算机研究所（图 1–4）开发的，专为方便数学家、物理学家使用。Guido 在该研究所工作，并参与到 ABC 语言的开发。

Guido 希望有一种语言能够像 C 语言那样，全面调用计算机的功能接口，同时又可以轻松地编程。ABC 语言让 Guido 看到希望。ABC 语言以教学为目的，目标是“让用户感觉更好”，希望让语言变得容易阅读，容易使用，容易记忆，容易学习，并以此来激发人们学习编程的兴趣。

图 1–4　数学与计算机研究所

在 1989 年圣诞节假期，Guido 开发的这个插件实现了一个个脚本语言，且功能强大。Guido 以自己的名义发布了这门语言，且命名为 Python。

因为 Guido 是天空马戏团忠实的粉丝，所以他用一个大蟒蛇飞行马戏团（图 1–5）的名字中的一个单词“Python”作为这门新语言的名字。

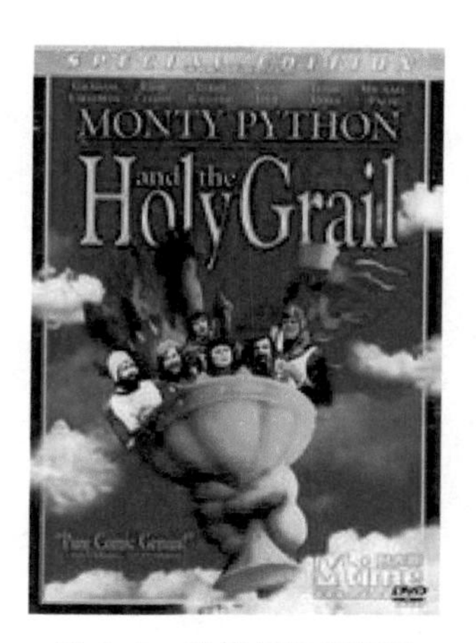

图 1–5　巨蟒与圣杯海报

1.1.4　Python 的发展阶段

CNRI 时期：CNRI 是 Python 发展初期的重要资助单位，

Python 1.5 前的主要成果大部分在此时期完成。

BeOpen 时期：Guido von Rossum 与 BeOpen 公司合作，Python 1.6 与 Python 2.0 基本上同时推出，但原则上分别维护。Python 2.0 的许多功能与 Python 1.6 不同。

DC 时期：Guido 离开 BeOpen 公司，将开发团队带到 Digital Creations（DC）公司，该公司以发展 Zope 系统闻名，由于 Guido 的加入，这个项目也颇受关注。

Python 3.0：Python 2.X 和 Python 3.X 差异很大，前后不兼容，虽然有 2 to 3 的工具可以转换，但不能解决所有的问题。Python 3.X 尚未完全普及，很多第三方的库都没有官方支持 Python 3.X。考虑到前后版本的这个不兼容性，这会让一些人对采用 Python 开发项目产生顾忌。

里程碑：Python 因在 2010 年获得较大市场份额的增长（1.81%，增长速度最快）获年度 Tiobe 编程语言大奖，参见 http://www.iteye.com/news/19455，最新的排名参见 http://www.tiobe.com/tiobe-index/（图 1–6）。

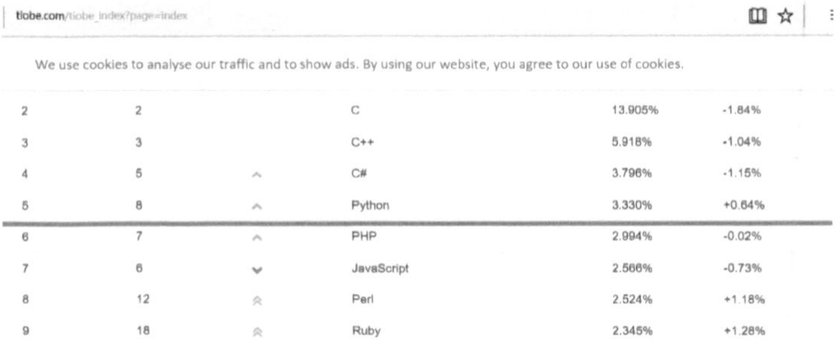

tiobe.com/tiobe_index?page=index

We use cookies to analyse our traffic and to show ads. By using our website, you agree to our use of cookies.

2	2		C	13.905%	-1.84%
3	3		C++	5.918%	-1.04%
4	5	^	C#	3.796%	-1.15%
5	8	^	Python	3.330%	+0.64%
6	7	^	PHP	2.994%	-0.02%
7	6	v	JavaScript	2.566%	-0.73%
8	12	^^	Perl	2.524%	+1.18%
9	18	^^	Ruby	2.345%	+1.28%

图 1–6　各语言所占市场份额

1.2 Python 版本

1.2.1 版本分类

Python 的版本主要集中在 2.0 和 3.0 之间，且主要版本如图 1–7

所示。

Release version	Release date		Click for more
Python 3.4.4	2015-12-21	Download	Release Notes
Python 3.5.1	2015-12-07	Download	Release Notes
Python 2.7.11	2015-12-05	Download	Release Notes
Python 3.5.0	2015-09-13	Download	Release Notes
Python 2.7.10	2015-05-23	Download	Release Notes
Python 3.4.3	2015-02-25	Download	Release Notes
Python 2.7.9	2014-12-10	Download	Release Notes

图 1–7　Python 主要版本

2.0 版本，也称为 old 版本，目前稳定的版本是 2.7.11 版。

3.0 版本，是相对而言比较新的版本，目前稳定的版本是 3.5.0 版。

1.2.2　版本对比

Python 是开源软件，其版本在不断更新，且 2.0 系列和 3.0 系列相互不兼容，所以在选择具体版本时需要定夺，但是具体该选择哪一个版本，笔者建议选择 2.7.11 版，原因在于 Python 之所以能被大众接受并流行，除了其开源之外，就是它强大的第三方包支持，而目前来说许多第三方的包更多支持 2.7.11 版。因此建议选择 2.7.11 版。

关于用 Mac 还是 Windows 开发，笔者认为 Mac 较优，原因还是第三方包支持的作用。当然，一般的开发和数据分析在哪类操作系统上都是可以的。

1.3　Python 基本语法

Python 的设计目标之一是让代码具备高度的可阅读性。它设计时尽量使用其他语言经常使用的标点符号和英语单词，让代码看起来整洁美观。它不像其他的静态语言如 C、Pascal 那样需要重复书写声明语句，也不像它们的语法那样经常有特殊情况。

1.3.1 Python 缩进

Python 开发者有意让违反了缩进规则的程序不能通过编译，以此来强制程序员养成良好的编程习惯。并且 Python 语言利用缩进表示语句块的开始和退出（Off-side 规则），而非使用花括号或者某种关键字。增加缩进表示语句块的开始，而减少缩进则表示语句块的退出。缩进成了语法的一部分。例如，if 语句：

```
if age<21:
    print" 你不能买酒。"
    print" 不过你能买口香糖。"
print" 这句话处于 if 语句块的外面。"
```

注：上述例子为 Python 2.0 版本的代码，3.0 版本需要添加括号，如：print(" 你不能买酒。")。

根据 PEP 的规定，必须使用 4 个空格来表示每级缩进（如果不清楚 4 个空格是如何规定的，在实际编写中可以自定义空格数，但是要满足每级缩进间空格数相等）。使用 Tab 字符和其他数目的空格虽然都可以编译通过，但不符合编码规范。支持 Tab 字符和其他数目的空格仅仅是为了兼容很旧的 Python 程序和某些有问题的编辑程序。

1.3.2 控制语句

if 语句。当条件成立时运行的语句块。经常与 else、elif(相当于 else if) 配合使用。

for 语句。遍历列表、字符串、字典、集合等迭代器，依次处理迭代器中的每个元素。

while 语句。当条件为真时，循环运行语句块。

try 语句。与 except、finally 配合使用，处理在程序运行中出现的异常情况。

class 语句。用于定义类型。

def 语句。用于定义函数和类型的方法。

pass 语句。表示此行为空，不运行任何操作。

assert 语句。用于程序调适阶段时测试运行条件是否满足。

with 语句。Python 2.6 以后定义的语法，在一个场景中运行语句块。比如，运行语句块前加密，然后在语句块运行退出后解密。

yield 语句。在迭代器函数内使用，用于返回一个元素。从 Python 2.5 版本以后，这个语句变成一个运算符。

raise 语句。制造一个错误。

import 语句。导入一个模块或包。

from import 语句。从包导入模块或从模块导入某个对象。

import as 语句。将导入的对象赋值给一个变量。

in 语句。判断一个对象是否在一个字符串 / 列表 / 元组里。

第 2 章 <<<<<<

Python 流程控制

2.1 Hello World

我们开始学习 Python 程序，如 Python 的输出语句：

print 'hello world '

特此声明：本书中的代码均经过作者在 jupyter（http://jupyter.org/）编程环境下进行测试，所以书中会见到与纯 Python 环境下的输入、输出有些许不同，但这不影响读者在自己的 Python 环境下进行学习和测试。

2.2 条件与条件语句

2.2.1 False

在 Python 中解释器认为标准值 False、None 和所有类型的数字 0(浮点型、长整型等)、空序列 (字符串、字典、列表等) 都为假 (False), 如下所示：

```
print bool(False)   # False
print bool(None)    # False
print bool(0)       # False
print bool("")      # False
print bool(())      # False
print bool([])      # False
print bool({})      # False
```

2.2.2　条件执行和 if 语句

这一块的执行类似于 C 语言，具体代码如下：

```
# -- coding: utf-8 --
age = 18
if age >= 18:
    print '年龄超过 18 岁了'
```

2.2.3　else 子句

else 子句作为 if 语句的一部分，如果 if 语句的条件被判定为“False”，则执行 else 子句后的语句块，如下所示：

```
# -- coding: utf-8 --
age = 16
if age >= 18:
    print '年龄超过 18 岁了'
else:
    print '未成年人'
```

2.2.4　elif 子句

elif 子句是“else if”的简写，通过 elif 子句可以检查更多的条件，如下所示：

```
num = input('Enter a number: ')
if num> 0:
    print 'The number is positive'
elif num< 0:
    print 'The number is negative'
else:
    print 'The number is zero'
```

2.2.5 嵌套语句

有时候我们需要更加复杂的条件分支判定，这时可以嵌套使用 if 语句来实现，如下所示：

```
num= raw_input( 'Enter a number: ' )
if name.endswith( 'Gumby' ):
   if name.startswith( 'Mr.' ):
      print 'Hello, Mr.Gumby'
elif name.startswith( 'Mrs.' ):
      print 'Hello, Mrs. Gumby'
   else:
      print 'Hello,Gumby'
else:
   print 'Hello,Stranger'
```

2.2.6 更多条件

Python 提供了更多的条件设定，如表 2–1 所示。

表 2–1 Python 条件设定

表达式	描述
x == y	x 等于 y
x < y	x 小于 y
x > y	x 大于 y
x >= y	x 大于等于 y
x <= y	x 小于等于 y
x != y	x 不等于 y
x is y	x 和 y 是同一个对象
x is not y	x 和 y 是不同的对象
x in y	x 是 y 容器（序列等）的成员
x not in y	x 不是 y 容器（序列等）的成员

2.3　循环控制语句

2.3.1　while 循环

while 循环中的表达式如果为 True 就会一直执行其后的语句块，如下打印 0 ～ 100 的值：

```
x = 0
while x <= 100:
    print x
    x += 1
```

2.3.2　for 循环

在 Python 中 for 循环的使用方法基本和 C 语言中的 for 一样，使用 for 循环打印 0 ～ 100 的值：

```
numbers = range(0,101)
for num in numbers:
    print num
```

2.3.3　使用 for 循环遍历字典

可以使用 for 循环遍历字典，并结合前面提到的 in 操作进行遍历：

```
# -- coding: utf:8 --
dic = {'a' : 1, 'b' : 2, ' c' : 3,' d' : 4,' e' : 5}
for key in dic:
    print key, ' 对应 ',dic[key]
# 循环中使用序列解包
for key,value in dic.items():
    print key, ' 对应 ',value
```

2.4 使用迭代工具

Python 为了方便迭代序列提供了一些很好的工具函数，这些函数是 Python 内建的，大部分位于 itertools 模块中，更多信息可以参考 Python 文档（http://docs.python.org/2/library/itertools.html）。

2.4.1 并行迭代

通过使用 Python 内建的 zip 函数可以将两个序列合并为一个元组：

```
# -- coding: utf-8 --
names = [ 'anne', 'beth', 'george' , 'damon']
ages = [12,45,32,102]
# 将两个序列“压缩”在一起，返回一个元组的列表
people = zip(names,ages)
# 再循环中解包元组
for name,age in people:
    print name, 'is', age, 'years old'
'''
#output
anne is 12 years old
beth is 45 years old
george is 32 years old
damon is 102 years old
'''
```

2.4.2 ernumerate 函数

或者是直接使用内建的 ernumerate 函数对列表内容进行遍历：

```
# -- coding: utf-8 --
strings = ['2', '1', '2', '2', '1']
for index,string in enumerate(strings): # 可以通过内部的值进行遍历
  if '2' in string:
     strings[index] = '1'
# output: ['1', '1', '1', '1', '1']
print strings
```

2.4.3　跳出循环

（1）break

Python 使用 break 语句跳出循环：

```
# -- coding: utf-8 --
import random
while True:
  # 生成 0 ～ 9 的随机数
num = random.randrange(0,10)
  print num
  if num == 6:
     break # 跳出循环
```

（2）continue

continue 语句会让当前的迭代结束，直接开始下一轮的循环，如下所示：

```
# -- coding: utf-8 --
# 输出：6
for num in xrange(1,10):
```

```
if num == 1:continue
if num == 2:continue
if num == 3:continue
if num == 4:continue
if num == 5:continue
print num
break
```

2.5 列表推导式

2.5.1 列表推导式

列表推导式（list comprehension）是利用其他列表创建新列表的一种方法，如下所示：

```
# -- coding: utf-8 --
# output:
[0, 1, 4, 9, 16, 25, 36, 49, 64, 81]
# 列表元素 x 由其自身的平方根组成
print [x*x for x in range(10)]
```

2.5.2 增加条件

我们还可以为创建的元素添加其他条件，如下所示：

```
# -- coding: utf-8 --
# output:
[0, 10, 20, 30, 40, 50]
# 列表元素 x 由其自身 *2 的倍数组成，且能被 5 整除
print [x*2 for x in range(30) if x % 5 ==0]
```

2.5.3　多个 for 语句

我们还可以通过使用多个 for 语句来生成列表：

```
# -- coding: utf-8 --
# output:
[(0, 0), (0, 1), (1, 0), (1, 1)]
# 生成 x 和 y 的所有组合
print [(x,y) for x in range(2) for y in range(2)]
# 相当于创造一个 n*n 二维矩阵，当然，只是你可以这样理解
```

下面的 for 循环部分创建的列表和上面的推导式一样：

```
# -- coding: utf-8 --
result = []
for x in range(2):
  for y in range(2):
result.append((x,y))
# output:
[(0, 0), (0, 1), (1, 0), (1, 1)]
print result
```

2.5.4　pass 语句

pass 语句在 Python 代码中充当占位符使用。比如说现在马上就要测试一个 if 语句，但是，其中还缺少一个语句块（代码不会执行，Python 中空代码块是非法的），这个时候我们可以暂时使用 pass 语句来填充，如下所示：

```
# -- coding: utf-8 --
#age = 12
age = 5
if age > 6 and age <= 12:
    print 'schoolchild'
else:
    # 未完成
    pass
```

2.5.5 使用 del 语句删除

Python 解释器通过垃圾回收可以将内存中没有任何引用的对象清理掉。我们也可以通过 del 语句直接将一个对象从内存中清除，如下所示：

```
# -- coding: utf-8 --
x = ['hello','world']
del x
# NameError: name 'x' is not defined
print x
```

2.5.6 使用 exec 与 eval 执行和求值字符串

使用 exec 语句可以执行存储在字符串中的 Python 代码，如下所示：

```
# output:
hello,world
exec "print'hello,world'"
```

2.6　Python 中的 range() 函数与 array() 函数

2.6.1　range() 函数

我们在编写 Python 程序时，通过 range() 函数就可以直接列出一个序列的数字：

```
range(1,10) #—> 不包括 10
#[1, 2, 3, 4, 5, 6, 7, 8, 9]
range(1,10,2)#—>1 到 10，间隔为 2( 不包括 10)
#[1, 3, 5, 7, 9]
range(10)#—>0 到 10，不包括 10
#[0, 1, 2, 3, 4, 5, 6, 7, 8, 9]
```

2.6.2　array() 函数

首先看列表 List 表示内容：

array=[2,3,9,1,4,7,6,8] 这个是一个数字列表，是没有顺序的。现在我们开始测试遍历这些数据：

```
array=[2,3,9,1,4,7,6,8]
print array[0:]            # 切片从前面序号“0”开始到结尾，包括“0”
位
#[2, 3, 9, 1, 4, 7, 6, 8]
print array[:-1]           # 切片从后面序号“-1”到最前，不包括“-1”位
#[2, 3, 9, 1, 4, 7, 6]
print array[3:-2]          # 切片从前面序号“3”开始 ( 包括 ) 到从后
面序号“-2”结束 ( 不包括 )
#[1, 4, 7]
print array[3::2]          # 从前面序号“3”( 包括 ) 到最后，其中分隔
为“2”
```

```
#[1, 7, 8]
print array[::2]          # 从整列表中切出，分隔为“2”
#[2, 9, 4, 6]
print array[3::]          # 从前面序号“3”开始到最后，没有分隔
#[1, 4, 7, 6, 8]
print array[3::-2]        # 从前面序号“3”开始，往回数第二个，因为分隔为“-2”
#[1, 3]
print array[-1]           # 此为切出最后一个
#8
print array[::-1]         # 此为倒序
#[8, 6, 7, 4, 1, 9, 3, 2]
```

>>>>>> 第 3 章

Python 函数及数据结构

3.1 函数

函数是组织好的、可重复使用的、用来实现单一或相关联功能的代码段。

函数能提高应用的模块性和代码的重复利用率。通过以上两个章节的学习，已经知道 Python 提供了许多内建函数，比如 print()。但如果是自己创建的函数，这被叫作用户自定义函数。

3.2 定义函数

可以定义一个有自己想要功能的函数，以下是简单的规则。

①函数代码块以 def 关键词开头，后接函数标识符名称和圆括号“()”。

②任何传入参数和自变量必须放在圆括号中间。圆括号之间用于定义参数。

③函数的第一行语句可以选择性地使用文档字符串——用于存放函数说明。

④函数内容以冒号起始，并且缩进。

⑤ return [表达式] 结束函数，选择性地返回一个值给调用方。不带表达式的 return 相当于返回 None。

```
def functionname( parameters ):
    " 函数 _ 文档字符串 "
    function_suite
    return [expression]
# 具体案例
def printme( str ):
    " 打印传入的字符串到标准显示设备上 "
    print str
    return
```

3.3 函数调用

定义一个函数只给了函数一个名称、指定了函数里包含的参数和代码块结构。这个函数的基本结构完成以后，可以通过另一个函数调用执行，也可以直接用 Python 提示符执行。

如下实例调用了 printme() 函数：

```
# -*- coding: utf-8 -*-
# 定义函数
def printme( str ):
    " 打印任何传入的字符串 "
    print str;
    return;
# 调用函数
printme(" 我要调用用户自定义函数 !");
printme(" 再次调用同一函数 ");
#output
# 我要调用用户自定义函数 !
# 再次调用同一函数
```

3.4　形参、实参、默认参数、返回值

所有参数（自变量）在 Python 里都是按引用传递。如果你在函数里修改了参数，那么在调用这个函数的函数里，原始的参数也被改变了。例如：

```
# -*- coding: utf-8 -*-
# 可写函数说明
def changeme( mylist ):
    " 修改传入的列表 "
    mylist.append([1,2,3,4]);
    print " 函数内取值 : ", mylist
    return
# 调用 changeme 函数
mylist = [10,20,30];
changeme( mylist );
print " 函数外取值 : ", mylist
#output
# 函数内取值 : [10, 20, 30, [1, 2, 3, 4]]
# 函数外取值 : [10, 20, 30, [1, 2, 3, 4]]
```

以下是调用函数时可使用的正式参数类型。

（1）必备参数

必备参数需以正确的顺序传入函数。调用时的数量必须和声明时的一样。

调用 printme() 函数，此处需要传入一个参数，不然会出现语法错误：

```
# -*- coding: utf-8 -*-
# 可写函数说明
def printme( str ):
    " 打印任何传入的字符串 "
    print str;
    return;
# 调用 printme 函数
printme();
```

（2）关键字参数

关键字参数和函数调用关系紧密，函数调用使用关键字参数来确定传入的参数值。

使用关键字参数允许函数调用时参数的顺序与声明时不一致，因为 Python 解释器能够用参数名匹配参数值。

以下实例在函数 printme() 调用时使用参数名：

```
# -*- coding: utf-8 -*-
# 可写函数说明
def printme( str ):
    " 打印任何传入的字符串 "
    print str;
    return;
# 调用 printme 函数
printme( str = "My string" );
```

（3）默认参数

调用函数时，缺省参数的值如果没有传入，则被认为是默认值。下例如果 age 没有被传入，会打印默认的 age：

```
# -*- coding: utf-8 -*-
# 可写函数说明
def printinfo( name, age = 35 ): #default age= 35
    " 打印任何传入的字符串 "
    print "Name:", name;
    print "Age", age;
    return;
# 调用 printinfo 函数
printinfo( age=50, name="miki" );
printinfo( name="miki" );
```

（4）不定长参数

我们需要一个函数能处理比当初声明时更多的参数，这些参数叫作不定长参数，和上述 3 种参数不同，声明时不会命名。基本语法如下：加了星号（*）的变量名会存放所有未命名的变量参数。也可选择传递多个参数。实例如下：

```
# -*- coding: utf-8 -*-
# 可写函数说明
def printinfo( arg1, *vartuple ):
#" 打印任何传入的参数 "
    print " 输出 : "
    print arg1
    for var in vartuple:
        print var
    return;
# 调用 printinfo 函数
```

```
printinfo( 10 );
printinfo( 70, 60, 50 );
#output
'''
输出：
10
输出：
70
60
50
'''
```

3.5 匿名函数

Python 使用 lambda 来创建匿名函数。lambda 只是一个表达式，函数体比 def 简单很多。lambda 的主体是一个表达式，而不是一个代码块。仅仅能在 lambda 表达式中封装有限的逻辑进去。lambda 函数拥有自己的命名空间，且不能访问自有参数列表之外或全局命名空间里的参数。

虽然 lambda 函数看起来只能写一行，却不等同于 C 或 C++ 的内联函数，后者的目的是调用小函数时不占用栈内存从而增加运行效率。

lambda 函数的语法只包含一个语句，如下所示：

```
lambda [arg1 [,arg2,⋯, argn]]:expression
```

具体案例如下所示：

```
# -*- coding: utf-8 -*-
# 可写函数说明
sum = lambda arg1, arg2: arg1 + arg2;
# 调用 sum 函数
print " 相加后的值为 : ", sum( 10, 20 )
print " 相加后的值为 : ", sum( 20, 20 )
#output
相加后的值为： 30
相加后的值为： 40
```

3.6　全局变量与局部变量

定义在函数内部的变量拥有一个局部作用域，定义在函数外的变量拥有全局作用域。局部变量只能在其被声明的函数内部访问，而全局变量可以在整个程序范围内访问。调用函数时，所有在函数内声明的变量名称都将被加入到作用域中。实例如下：

```
# -*- coding: utf-8 -*-
total = 0; # 这是一个全局变量
# 可写函数说明
def sum( arg1, arg2 ):
    # 返回 2 个参数的和
    total = arg1 + arg2; # total 在这里是局部变量
    print " 函数内是局部变量 : ", total
    return total;
# 调用 sum 函数
sum( 10, 20 );
print " 函数外是全局变量 : ", total
```

```
#output
函数内是局部变量：30
函数外是全局变量：0
```

3.7 Python 数据结构序列（列表、元组和字典）

序列是 Python 中最基本的数据结构。序列中的每个元素都分配了一个数字——它的位置或索引，第一个索引是 0，第二个索引是 1，依此类推。

Python 有 6 个序列的内置类型，但最常见的是列表和元组。序列都可以进行的操作包括索引、切片、加、乘、检查成员。

此外，Python 已经内置确定序列的长度及确定最大和最小的元素的方法。

3.7.1 列表

列表是最常用的 Python 数据类型，它可以作为一个方括号内的逗号分隔出现。列表的数据项不需要具有相同的类型。

（1）访问列表中的值

使用下标索引来访问列表中的值，同样可以使用方括号的形式截取字符，如下所示：

```
list1 = ['physics', 'chemistry', 1997, 2000];
list2 = [1, 2, 3, 4, 5, 6, 7 ];
print "list1[0]: ", list1[0]
print "list2[1:5]: ", list2[1:5]
```

（2）更新列表

可以对列表的数据项进行修改或更新，使用 append() 方法来添加列表项，如下所示：

```
list = ['physics', 'chemistry', 1997, 2000];
print "Value available at index 2 : "
print list[2];
list[2] = 2001;
print "New value available at index 2 : "
print list[2];
```

（3）删除列表元素

可以使用 del 语句来删除列表的元素，如下所示：

```
list1 = ['physics', 'chemistry', 1997, 2000];
print list1;
del list1[2];
print "After deleting value at index 2 : "
print list1;
```

3.7.2　元组

Python 的元组与列表类似，不同之处在于元组的元素不能修改。元组使用小括号，列表使用方括号。

元组创建很简单，只需要在括号中添加元素，并使用逗号隔开即可。

（1）访问元组

元组可以使用下标索引来访问元组中的值，如下所示：

```
tup1 = ( 'physics', 'chemistry', 1997, 2000);
tup2 = (1, 2, 3, 4, 5, 6, 7 );
print "tup1[0]: ", tup1[0]
print "tup2[1:5]: ", tup2[1:5]
```

（2）修改元组

元组中的元素值是不允许修改的，但可以对元组进行连接组合，如下所示：

```
tup1 = (12, 34.56);
tup2 = ('abc', 'xyz');
# 以下修改元组元素操作是非法的
# tup1[0] = 100;
# 创建一个新的元组
tup3 = tup1 + tup2;
print tup3;
#output
#(12, 34.56, 'abc', 'xyz')
```

（3）删除元组元素

元组中的元素值是不允许删除的，但可以使用 del 语句来删除整个元组，如下所示：

```
tup = ('physics', 'chemistry', 1997, 2000);
print tup;
del tup;#delete it
print "After deleting tup : "
print tup;
#output
'''
('physics', 'chemistry', 1997, 2000)
After deleting tup :
Traceback (most recent call last):
```

```
        File "test.py", line 9, in <module>
          print tup;
NameError: name 'tup' is not defined
'''
```

3.7.3　字典

字典是另一种可变容器模型，且可存储任意类型对象。

字典的每个键值对 (key=>value) 用冒号“:”分割，每个对之间用逗号“,”分割，整个字典包括在花括号“{}”中，格式如下所示：

```
d = {key1 : value1, key2 : value2 }
```

说明：键必须是唯一的，但值则不必。值可以取任何数据类型，但键必须是不可变的，如字符串、数字或元组。

（1）访问字典里的值

把相应的键放入熟悉的方括号，如下所示：

```
dict = {'Name': 'Zara', 'Age': 7, 'Class': 'First'};
print "dict['Name']: ", dict['Name'];
print "dict['Age']: ", dict['Age'];
#output
'''
dict['Name']:  Zara
dict['Age']:  7
'''
```

（2）修改字典

向字典添加新内容的方法是增加新的键 / 值对，修改或删除已有键 / 值对，如下所示：

```
dict = {'Name': 'Zara', 'Age': 7, 'Class': 'First'};
dict['Age'] = 8; # update existing entry
dict['School'] = "DPS School"; # Add new entry
print "dict['Age']: ", dict['Age'];
print "dict['School']: ", dict['School'];
#output
'''
dict['Age']:  8
dict['School']:  DPS School
'''
```

（3）删除字典元素

能删除单一的元素也能清空字典，清空只需一项操作。

删除一个字典用 del 命令，如下所示：

```
dict = {'Name': 'Zara', 'Age': 7, 'Class': 'First'};
del dict['Name']; # 删除键是 'Name' 的条目
dict.clear();    # 清空字典所有条目
del dict ;       # 删除字典
print "dict[ 'Age' ]: ", dict[ 'Age' ];
print "dict[ 'School' ]: ", dict[ 'School' ];
# 但这会引发一个异常，因为用 del 后字典不再存在
#output
```

```
'''
dict['Age']:
Traceback (most recent call last):
  File "test.py", line 8, in <module>
    print "dict['Age']: ", dict['Age'];
TypeError: 'type' object is unsubscriptable
'''
```

（4）字典的特性

字典值可以没有限制地取任何 Python 对象，既可以是标准的对象，也可以是用户定义的，但键不行。

两个重要的点需要记住：

①不允许同一个键出现两次。创建时如果同一个键被赋值两次，前一个值会被覆盖，如下所示：

```
dict = {'Name': 'Zara', 'Age': 7, 'Name': 'Manni'};
print "dict[ 'Name' ]: ", dict[ 'Name' ];
#output
#dict[ 'Name' ]:  Manni
```

②键必须不可变，所以可以用数字、字符串或元组充当，但是用列表不行，如下所示：

```
dict = {[ 'Name' ]: 'Zara', 'Age': 7};
print "dict[ 'Name' ]: ", dict[ 'Name' ];
#output
'''
Traceback (most recent call last):
```

```
  File "test.py", line 3, in <module>
dict = {['Name']: 'Zara', 'Age': 7};
TypeError: list objects are unhashable
'''
```

>>>>>> 第 4 章

Python 异常处理

4.1 什么是异常

异常即是一个事件，该事件会在程序执行过程中发生，影响程序的正常执行。一般情况下，在 Python 无法正常处理程序时就会发生一个异常。

异常是 Python 对象，表示一个错误。当 Python 脚本发生异常时我们需要捕获处理它，否则程序会终止执行。

4.2 异常处理

捕捉异常可以使用 try/except 语句。try/except 语句用来检测 try 语句块中的错误，从而让 except 语句捕获异常信息并处理。如果不想在程序发生异常时结束程序，只需在 try 里捕获它。

4.3 语法格式

以下为简单的 try…except…else 的语法：

```
try:
<语句>      #运行别的代码
except <'name1'>：
<语句>      #如果在 try 部分引发了 'name1' 异常
except <'name2'>，<data>:
```

```
<语句>      # 如果引发了 'name2' 异常，获得附加的数据
else:
<语句>      # 如果没有异常发生
```

4.4 try 执行规则

该种异常处理语法的规则如下。

①执行 try 下的语句，如果引发异常，则执行过程会跳到第一个 except 语句。

②如果第一个 except 中定义的异常与引发的异常匹配，则执行该 except 中的语句。

③如果引发的异常不匹配第一个 except，则会搜索第二个 except（允许编写的 except 语句数量没有限制）。

④如果所有的 except 都不匹配，则异常会传递到下一个调用本代码的最高层 try 代码中。

⑤如果没有发生异常，则执行 else 块代码。

Python 的异常处理能力是很强大的，可向用户准确反馈出错信息。

①在 Python 中，异常也是对象，可对它进行操作。

②所有异常都是基类 Exception 的成员。所有异常都从基类 Exception 继承，而且都在 Exceptions 模块中定义。

③ Python 自动将所有异常名称放在内建命名空间中，所以程序不必导入 Exceptions 模块即可使用异常。

4.5 try-except

①测试打开一个不存在的文档，查看出错信息具体 coding：

```
# -- coding: utf-8 --
    # 通过打开一个不存在的文件，查看报错信息，
```

```
#如果该文件 information.txt 存在的话，不会有 output 保存信息。
try:
    f = open( 'lib_information.txt', 'r' )
except IOError, e:
#捕获到的 IOError 错误的详细原因会被放置在对象 e 中，然后运行该异常的 except 代码块
    print e
#output
[Errno 2] No such file or directory: 'testfile.txt'
```

②当然也可以使用 Exception 来捕捉所有的异常，而不管它到底是何种异常（IOError 等）：

```
# all exception
try:
    a=b
    b=c
except Exception,ex: # 提示 b 未定义
    print Exception,":",ex
#output
<type 'exceptions.Exception'> : name 'b' is not defined
```

使用 except 子句时需要注意：多个 except 子句进行异常截获时，若各个异常类之间存在继承关系，则子类应该写在前面，否则父类将会直接截获子类异常。放在后面的子类异常也就不会执行到了。

4.6 try-finally

① try-finally 语句表示无论是否发生异常都将执行 finally 中的代码，格式如下：

```
try:
< 语句 >
finally:
< 语句 ># 退出 try 时总会执行
```

②通过把前面的 except 混合，便于更好地理解其运行机制，代码如下：

```
# -- coding: utf-8 --
# 该文件 lib_information.txt 已经存在
try:
    f = open( 'lib_information.txt','w' )# 打开文件，进行写入操作
f.write( "write exception message!" )
except Exception,e:
    print "exceptmessage:",e
finally:
    print "Going to close the file"# 无论是否有错误 , 都会打印出来
    f.close()
#output
Going to close the file
```

③在 try 中添加错误，查看其运行机制，代码如下：

```
# -- coding: utf-8 --
# 该文件 lib_information.txt 已经存在
try:
    f = open( 'lib_information.txt','w' )# 打开文件，进行写入操作
ff.write( "write exception message!" )#f 改为 ff 制造错误
except Exception,e:
    print "exceptmessage:",e #try 中捕捉异常不影响 finally 的执行
finally:
    print "Going to close the file"# 无论是否有错误，都会打印出来
    f.close()
#output
except message: name 'ff' is not defined
Going to close the file
```

4.7 raise

①在 Python 中，要想引发异常，最简单的形式就是输入关键字 raise，后跟要引发的异常的名称。异常的名称通常是 Python 指定的异常名，或者是自定义的异常。格式如下：

```
# -- coding: utf-8 --
raise [exception[,data]]
```

②这里使用自定义的异常（关于自定义稍后介绍）code 如下：

```
# -- coding: utf-8 --
class MyError(RuntimeError):# 自定义异常 MyError
def _MyError(string):
```

```
        return string
try:
        raise MyError("My error messages") #raise 语句
except MyError,e:
        print e
#output
My error messages
```

换句话说，raise 的作用是在程序中可以自定义的强制执行一个异常的抛出，但是这个异常必须是预先定义好的，或者是 Python 自带的。

4.8 用户自定义异常

程序可以通过创建新的异常类来命名自己的异常。异常通常应该继承 Exception 类，直接继承或者间接继承都可以。具体格式如下：

```
# -- coding: utf-8 --
class MyError(Exception):
def __init__(self, value):
self.value = value
def __str__(self):
    return repr(self.value)
```

在此示例中，Exception 默认的 __init__() 被覆盖了。新的行为简单地创建了 value 属性。这将替换默认的创建 args 属性的行为。

4.9　traceback 模块

发生异常时，Python 能“记住”引发的异常及程序的当前状态。Python 还维护着 traceback（跟踪）对象，其中含有异常发生时与函数调用堆栈有关的信息。记住，异常可能在一系列嵌套较深的函数调用中被引发。程序调用每个函数时，Python 会在“函数调用堆栈”的起始处插入函数名。一旦异常被引发，Python 会搜索一个相应的异常处理程序。如果当前函数中没有异常处理程序，当前函数会终止执行，Python 会搜索当前函数的调用函数，并以此类推，直到发现匹配的异常处理程序，或者 Python 抵达主程序为止。这一查找合适的异常处理程序的过程就称为“堆栈辗转开解”(Stack Unwinding)。解释器一方面维护着与放置堆栈中的函数有关的信息；另一方面也维护着与已从堆栈中“辗转开解”的函数有关的信息。

简而言之，traceback 模块被用来跟踪异常返回信息。格式如下：

```
# -- coding: utf-8 --
import traceback
try:
    raise SyntaxError, "traceback test" # 强制弹出异常
#print traceback
except:
      traceback.print_exc()# 使用 traceback 查看异常信息
#output
Traceback (most recent call last):
  File "<ipython-input-66-8a197baf3670>", line 4, in <module>
      raise SyntaxError, "traceback test"
SyntaxError: traceback test
```

另外，它类似我们经常在控制台见到的出错信息。

4.10 sys 模块

采用 sys 模块来回溯最后的异常信息，格式如下：

```
# -- coding: utf-8 --
import sys
try:
    raise SyntaxError, "traceback test" # 强制弹出异常（我们依然使用）
except:
    info=sys.exc_info()
    print info # 输出 error 信息
    print info[0],":",info[1]# 分别输出 error 的类型和名称
#output
(<type 'exceptions.SyntaxError'>, SyntaxError( 'traceback test',), <traceback
object at 0x0000000003E4F8C8>)
<type 'exceptions.SyntaxError'> : traceback test
```

4.11 常见异常

Python 的常见异常如表 4-1 所示。

表 4-1　Python 的常见异常

异常名称	描述
BaseException	所有异常的基类
SystemExit	解释器请求退出
KeyboardInterrupt	用户中断执行 (通常是输入 ^C)
Exception	常规错误的基类
StopIteration	迭代器没有更多的值

续表

异常名称	描述
GeneratorExit	生成器 (generator) 发生异常来通知退出
StandardError	所有的内建标准异常的基类
ArithmeticError	所有数值计算错误的基类
FloatingPointError	浮点计算错误
OverflowError	数值运算超出最大限制
ZeroDivisionError	除（或取模）零（所有数据类型）
AssertionError	断言语句失败
AttributeError	对象没有这个属性
EOFError	没有内建输入，到达 EOF 标记
EnvironmentError	操作系统错误的基类
IOError	输入 / 输出操作失败
OSError	操作系统错误
WindowsError	系统调用失败
ImportError	导入模块 / 对象失败
LookupError	无效数据查询的基类
IndexError	序列中没有此索引 (index)
KeyError	映射中没有这个键
MemoryError	内存溢出错误（对于 Python 解释器不是致命的）
NameError	未声明 / 初始化对象（没有属性）
UnboundLocalError	访问未初始化的本地变量
ReferenceError	弱引用 (weak reference) 试图访问已经垃圾回收了的对象
RuntimeError	一般的运行时错误
NotImplementedError	尚未实现的方法

续表

异常名称	描述
SyntaxError	Python 语法错误
IndentationError	缩进错误
TabError	Tab 和空格混用
SystemError	一般的解释器系统错误
TypeError	对类型无效的操作
ValueError	传入无效的参数
UnicodeError	Unicode 相关的错误
UnicodeDecodeError	Unicode 解码时的错误
UnicodeEncodeError	Unicode 编码时错误
UnicodeTranslateError	Unicode 转换时错误
Warning	警告的基类
DeprecationWarning	关于被弃用的特征的警告
FutureWarning	关于构造将来语义会有改变的警告
OverflowWarning	旧的关于自动提升为长整型 (long) 的警告
PendingDeprecationWarning	关于特性将会被废弃的警告
RuntimeWarning	可疑的运行时行为 (runtime behavior) 的警告
SyntaxWarning	可疑的语法的警告
UserWarning	用户代码生成的警告

>>>>>> 第 5 章

Python 数据处理与计算

Python 是一种面向对象的、动态的程序设计语言，具有非常简洁而清晰的语法，适合于完成各种高层任务。它既可以用来快速开发程序脚本，也可以用来开发大规模的软件。

随着 NumPy、SciPy、Matplotlib、Enthoughtlibrarys 等众多程序库的开发，Python 越来越适合于做科学计算、绘制高质量的 2D 和 3D 图像。与科学计算领域最流行的商业软件 MATLAB 相比，Python 是一门通用的程序设计语言，比 MATLAB 所采用的脚本语言的应用范围更广泛，有更多的程序库的支持。虽然 MATLAB 中的许多高级功能和 toolbox 目前还是无法替代的，不过在日常的科研开发之中仍然有很多的工作是可以用 Python 代劳的。

5.1 常用模块概览与导入

5.1.1 数值计算库

NumPy 为 Python 提供了快速的多维数组处理的能力，而 SciPy 则在 NumPy 基础上添加了众多的科学计算所需的各种工具包，有了这两个库，Python 就具有几乎与 MATLAB 一样的处理数据和计算的能力了。

NumPy 和 SciPy 官方网址分别为 http://www.numpy.org/ 和 http://www.scipy.org。

NumPy 为 Python 带来了真正的多维数组处理功能，并且提供了丰富的函数库处理这些数组。它将常用的数学函数进行数组化，使得这些数学函数能够直接对数组进行操作，将本来需要在 Python 级别进行的循环，放到 C 语言的运算中，明显地提高了程序的运算速度。

SciPy 的核心计算部分都是一些久经考验的 Fortran 数值计算库，例如：

线性代数使用 lapack 库；

快速傅里叶变换使用 fftpack 库；

常微分方程求解使用 odepack 库；

非线性方程组求解及最小值求解等使用 minpack 库。

5.1.2 符号计算库

SymPy 是一套进行符号数学运算的 Python 函数库，虽然它目前还没有到达 1.0 版本，但是已经足够好用，可以帮助我们进行公式推导，进行符号求解。

SymPy 官方网址为 http://www.sympy.org/en/index.html。

5.1.3 界面设计

制作界面一直都是一件十分复杂的工作，使用 Traits 库，你将再也不会在界面设计上耗费大量精力，从而能把注意力集中到如何处理数据上去。

Traits 官方网址为 http://code.enthought.com/projects/traits。

Traits 库分为 Traits 和 TraitsUI 两大部分，Traits 为 Python 添加了类型定义的功能，使用它定义的 Traits 属性具有初始化、校验、代理、事件等诸多功能。

TraitsUI 库基于 Traits 库，使用 MVC 结构快速地定义用户界面，在最简单的情况下，编码者都不需要写一句关于界面的代码，就可以通过 Traits 属性定义获得一个可以工作的用户界面。使用 TraitsUI 库编写的程序自动支持 wxPython 和 pyQt 两个经典的界面库。

5.1.4 绘图与可视化

Chaco 和 Matplotlib 是很优秀的 2D 绘图库，Chaco 库和 Traits 库紧密相连，方便制作动态交互式的图表功能。而 Matplotlib 库则能够快速地绘制精美的图表，以多种格式输出，并且带有简单的 3D 绘图的功能。

Chaco 官方网址为 http://code.enthought.com/projects/chaco。

Matplotlib 官方网址为 http://matplotlib.sourceforge.net。

TVTK 库在标准的 VTK 库之上用 Traits 库进行封装，如果要在 Python 下使用 VTK，用 TVTK 是再好不过的选择。Mayavi2 则在 TVTK 的基础上再添加了一套面向应用的方便工具，它既可以单独作为 3D 可视化程序使用，也可以快速地嵌入到用户的程序中去。

Mayavi 官方网址为：http://code.enthought.com/projects/mayavi。

视觉化工具函式库（Visualization Toolkit，VTK）是一个开放源码，跨平台、支援平行处理（VTK 曾用于处理大小近乎 1 个 Petabyte 的资料，其平台为美国 Los Alamos 国家实验室所有的具有 1024 个处理器之大型系统）的图形应用函式库。2005 年曾被美国陆军研究实验室用于即时模拟俄罗斯制反导弹战车 ZSU23-4 受到平面波攻击的情形，其计算节点高达 2.5 兆之多。

此外，使用 Visual 库能够快速、方便地制作 3D 动画演示，使数据结果更有说服力。Visual 官方网址为 http://vpython.org。

5.1.5 图像处理和计算机视觉

OpenCV 由英特尔公司发起并参与开发，以 BSD 许可证授权发行，可以在商业和研究领域中免费使用。OpenCV 可用于开发实时的图像处理、计算机视觉及模式识别程序。OpenCV 提供的 Python API 方便我们快速实现算法，查看结果并且和其他的库进行数据交换。

5.2 Numpy 简介

标准安装的 Python 中用列表 (list) 保存一组值，可以用来当作数组使用，但是由于列表的元素可以是任何对象，因此列表中所保存的是对象的指针。这样为了保存一个简单的 [1,2,3]，需要有 3 个指针和 3 个整数对象。对于数值运算来说这种结构显然比较浪费内存和 CPU 计算时间。

此外，Python 还提供了一个 array 模块，array 对象和列表不同，它直接保存数值，与 C 语言的一维数组比较类似。但是由于它不支持多维，也没有各种运算函数，因此也不适合做数值运算。

NumPy 的诞生弥补了以上不足，NumPy 提供了两种基本的对象：ndarray（N-dimensional array object） 和 ufunc（universal function object）。ndarray(后面内容中统一称之为数组)是存储单一数据类型的多维数组，而 ufunc 则是能够对数组进行处理的函数。

5.2.1 Numpy 库导入

在进行 Numpy 相关操作时，在此需要先导入该库：

```
# -- coding: utf-8 --
import numpy as np# 导入 numpy 之后使用 numpy 就通过 np 代替
```

5.2.2 数组的创建与生产

首先需要创建数组才能对其进行其他操作。可以通过给 array 函数传递 Python 的序列对象来创建数组，如果传递的是多层嵌套的序列，将创建多维数组。

①直接赋值创建数组：

```
# -- coding: utf-8 --
# 数组创建直接赋值
import numpy as np


a = np.array([1, 2, 3, 4])
b = np.array((5, 6, 7, 8))
c = np.array([[1, 2, 3, 4],[5, 6, 7, 8], [9,10,11,12]])
print b # 一维数组
print c # 多维数组
print c.dtype # 查看 c 的数据类型
#output
[5 6 7 8]
[[ 1  2  3  4]
 [ 5  6  7  8]
 [ 9 10 11 12]]
int32
```

②改变数组的形式：通过 shape 属性查看并更改。数组 a 的 shape 只有一个元素，因此它是一维数组。而数组 c 的 shape 有两个元素，因此它是二维数组，其中第 0 轴的长度为 3，第 1 轴的长度为 4。还可以通过修改数组的 shape 属性，在保持数组元素个数不变的情况下，改变数组每个轴的长度。下面的例子将数组 c 的 shape 改为 (4,3)，注意从 (3,4) 改为 (4,3) 并不是对数组进行转置，而只是改变每个轴的大小，数组元素在内存中的位置并没有改变：

```
# -- coding: utf-8 --
# 接上面的程序
print a.shape
print c.shape
c.shape =4,3
print c.shape
print c
#output
(4L,)
(4L, 3L)
(4L, 3L)
[[ 1  2  3]
 [ 4  4  5]
 [ 6  7  7]
 [ 8  9 10]]
```

③使用 reshape 方法，重新改变数组的尺寸，而原数组的尺寸不变：

```
# -- coding: utf-8 --
print a
d = a.reshape((2,2))
print d
print a
#output
[1 2 3 4]
```

```
[[1 2]
 [3 4]]
[1 2 3 4]
```

④数组 a 和 d 其实是共享数据存储内存区域的，因此修改其中任意一个数组的元素都会同时修改另外一个数组的内容：

```
# -- coding: utf-8 --
a[1] = 10000 # 将数组 a 的第一个元素改为 10000
print d # 注意数组 d 中的 2 也被改变了
#output
[[    1 10000]
 [    3     4]]
```

⑤前面所说的都是默认 dtype, 现在改变其 dtype 参数：

```
# -- coding: utf-8 --
# 指定数据类型
np.array([[1, 2, 3, 4],[4, 5, 6, 7], [7, 8, 9, 10]], dtype=np.float)
#output
array([[  1.,   2.,   3.,   4.],
       [  4.,   5.,   6.,   7.],
       [  7.,   8.,   9.,  10.]])
```

⑥当然，到现在所创建的 array 都是基于手动赋值操作，Python 还提供一些函数可以自动化地创建数组，如下所示：

```
# -- coding: utf-8 --
# 利用函数创建数组
#arange 函数类似于 Python 的 range 函数
# 通过指定开始值、终值和步长来创建一维数组，注意数组不包括终值
np.arange(0,10,1.0)
#output
array([ 0.,  1.,  2.,  3.,  4.,  5.,  6.,  7.,  8.,  9.])

#linspace 函数通过指定开始值、终值和元素个数来创建一维数组
# 可以通过 endpoint 关键字指定是否包括终值，缺省设置是包括终值
print np.linspace(0, 1, 12)
#output
[ 0.    0.09090909  0.18181818  0.27272727  0.36363636  0.45454545
0.54545455  0.63636364  0.72727273  0.81818182  0.90909091  1.]

#logspace 函数和 linspace 函数类似，不过它创建等比数列
# 下面的例子产生 1(10^0) 到 10(10^2)、有 10 个元素的等比数列
print np.logspace(0, 2, 10)
#output
[1.    1.66810054    2.7825594     4.64158883    7.74263683    12.91549665
21.5443469    35.93813664   59.94842503  100. ]
```

5.2.3 利用数组进行数据处理

（1）多维数组

在具体的应用中我们更多的是使用多维数组进行数据处理，而多维数组的存取和一维数组类似，只是多维数组有多个轴，因

此，它的下标需要用多个值来表示。Numpy 采用组元 (tuple) 作为数组的下标。如图 5–1 所示，a 为一个 6 × 6 的数组，图中用不同框线区分了各个下标及其对应的选择区域。

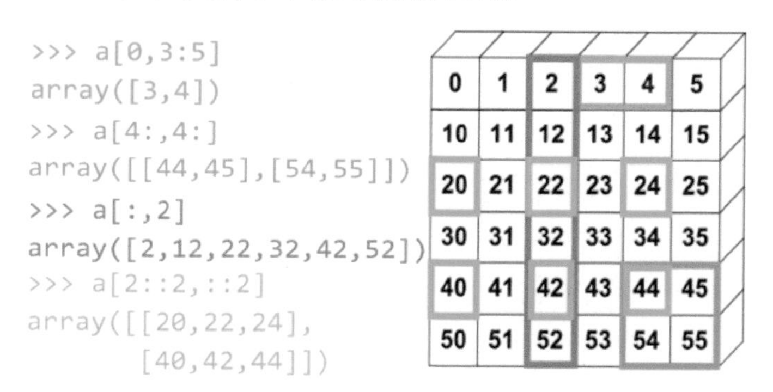
>>> a[0,3:5]
array([3,4])
>>> a[4:,4:]
array([[44,45],[54,55]])
>>> a[:,2]
array([2,12,22,32,42,52])
>>> a[2::2,::2]
array([[20,22,24],
[40,42,44]])
0 1 2 3 4 5
10 11 12 13 14 15
20 21 22 23 24 25
30 31 32 33 34 35
40 41 42 43 44 45
50 51 52 53 54 55

图 5–1　多维数组 a

（2）多维数组创建

首先来看如何创建该数组，数组 a 实际上是一个加法表，纵轴的值为 0, 10, 20, 30, 40, 50；横轴的值为 0, 1, 2, 3, 4, 5。纵轴的每个元素与横轴的每个元素求和得到图 5–1 中所示的数组 a。

```
# -- coding: utf-8 --
np.arange(0, 6)+np.arange(0, 60, 10).reshape(-1, 1)
#output
[[ 0  1  2  3  4  5]
 [10 11 12 13 14 15]
 [20 21 22 23 24 25]
 [30 31 32 33 34 35]
 [40 41 42 43 44 45]
 [50 51 52 53 54 55]]
```

(3) 多维数组存取

多维数组同样也可以使用整数序列和布尔数组进行存取。

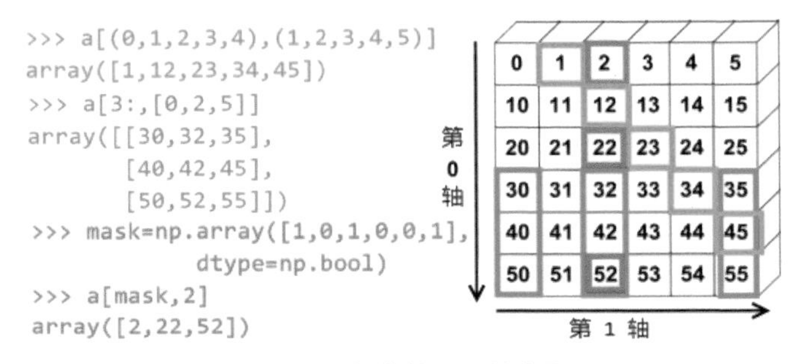
>>> a[(0,1,2,3,4),(1,2,3,4,5)]
array([1,12,23,34,45])
>>> a[3:,[0,2,5]]
array([[30,32,35],
[40,42,45],
[50,52,55]])
>>> mask=np.array([1,0,1,0,0,1],
dtype=np.bool)
>>> a[mask,2]
array([2,22,52])
第0轴
第1轴
0 1 2 3 4 5
10 11 12 13 14 15
20 21 22 23 24 25
30 31 32 33 34 35
40 41 42 43 44 45
50 51 52 53 54 55

图 5-2　多维数组 a 的存取

```
# -- coding: utf-8 --

# 代码测试如下：
a = np.arange(0, 6)+np.arange(0, 60, 10).reshape(-1, 1)

# 第一种获取
a[(0, 1, 2, 3, 4),(1, 2, 3, 4, 5)]# 相当于 a[0][1],a[1][2]……
#output
[ 1 12 23 34 45]

# 第二种获取
a[3:,[0,2,5]]# 相当于是从第 3 行到最后一行的第 0 列、第 2 列、第 5 列
# 说明：别忘记中间的逗号 ','
#output
[[30 32 35]
```

```
[40 42 45]
[50 52 55]]

# 第三种获取（通过 bool 值获取数组的数据）
mask = np.array([1,0,1,0,0,1],dtype=np.bool)
print mask #mask 制作的是 bool 型的列表
printa[mask,2] # 相当于行是布尔值，列都是 2
#output
[ True False  True False False  True]
[ 2, 22, 52]
```

5.3 用于数组的文件输入输出

5.3.1 把数组数据写入 file

格式如下：

```
# -- coding: utf-8 --
# 保存数据 file
a = np.arange(0,16).reshape(4,4)# 制造 a 矩阵
a.tofile( 'a_matrix_file.bin' )# 文件后缀 bin
a.tofile( 'a_matrix_file.txt' )# 文件后缀 txt
#output 在当前目录下生成对应的文件
```

5.3.2 读取文件 file 中的数组数据

格式如下：

```
# -- coding: utf-8 --
#read data
```

```
r_bin = np.fromfile( 'a_matrix_file.bin',dtype=int)# 可以通过 dtype 设置读取的数据类型默认 float
print r_bin# 当然它读入的格式是一维数组
print r_bin.reshape(4,4)# 需要重新指定它的维度
#output
[0 1 2 3 4 5 6 7 8 9 10 11 12 13 14 15]
[[0 1 2 3]
 [4 5 6 7]
 [8 9 10 11]
 [12 13 14 15]]

r_txt = np.fromfile( 'a_matrix_file.txt',dtype=int)# 读入 txt 格式的数据（实际是乱码，而不是 txt 格式的数字）
print r_txt
print r_txt.reshape(4,4)
#output
[0 1 2 3 4 5 6 7 8 9 10 11 12 13 14 15]
[[0 1 2 3]
 [4 5 6 7]
 [8 9 10 11]
 [12 13 14 15]]
```

5.3.3 numpy.load 和 numpy.save

numpy.load 和 numpy.save 函数以 NumPy 专用的二进制类型保存数据，这两个函数会自动处理元素类型和 shape 等信息，使用它们读写数组就方便多了，但是 numpy.save 输出的文件很难用其他语言编写的程序读入（因为数据读取问题，利用 numpy.save 进行保存的文件，在使用其他编程语言进行读取时增加了难度）。

格式如下：

```
# -- coding: utf-8 --
np.save( "a_matrix_file.npy", a)# 后缀名称 npy
c = np.load( "a_matrix_file.npy" )
print c
#output
[[ 0  1  2  3]
 [ 4  5  6  7]
 [ 8  9 10 11]
 [12 13 14 15]]
```

5.3.4　numpy.savetxt 和 numpy.loadtxt

使用 numpy.savetxt 和 numpy.loadtxt 可以读写一维和二维的数组，格式如下：

```
# -- coding: utf-8 --
a = np.arange(0,12,0.5).reshape(4,-1)
np.savetxt("a_matrix_file.txt", a) # 缺省按照 '%.18e' 格式保存数据，以
空格分隔
print np.loadtxt( "a_matrix_file.txt" )
#output
[[ 0.   0.5  1.   1.5  2.   2.5]
 [ 3.   3.5  4.   4.5  5.   5.5]
 [ 6.   6.5  7.   7.5  8.   8.5]
 [ 9.   9.5 10.  10.5 11.  11.5]]

#readdata
```

```
print a
np.savetxt( "a_matrix_file.txt",a, fmt="%d", delimiter="," )
# 改为保存为整数，以逗号分隔
# 读入的时候也需要指定逗号分隔（可以看到这样的方式数据失真）
print np.loadtxt( "a_matrix_file.txt",delimiter="," )
#output
[[ 0.   0.5  1.   1.5  2.   2.5]
 [ 3.   3.5  4.   4.5  5.   5.5]
 [ 6.   6.5  7.   7.5  8.   8.5]
 [ 9.   9.5 10.  10.5 11.  11.5]]
[[ 0.  0.  1.  1.  2.  2.]
 [ 3.  3.  4.  4.  5.  5.]
 [ 6.  6.  7.  7.  8.  8.]
 [ 9.  9. 10. 10. 11. 11.]]
```

5.4 数组的算术和统计运算

5.4.1 数组的算术

数组的算术在实际的应用过程中大都通过矩阵 matrix 的运算来实现，Numpy 和 MATLAB 不一样，对于多维数组的运算，缺省情况下并不使用矩阵运算，如果希望对数组进行矩阵运算的话，可以调用相应的函数。之所以在 Python 中加入 matrix 运算是因为它的运算速度快，而且数组一般的表示就是一维、二维数组，值得注意的是虽然基于矩阵 matrix 运算代码较少，执行效率高，但是比较考验程序员的数学水平，而基于数组的运算可以多写一堆代码，但是如果数据量大的情况下执行的运算容易崩溃，此处简单介绍 matrix 运算，格式如下：

```
# -- coding: utf-8 --
# 可以把 matrix 理解为多维数组
ma = np.matrix([[1,2,3],[5,5,6],[7,9,9]])
print ma
#output
matrix([[1, 2, 3],
        [5, 5, 6],
        [7, 9, 9]])
```

5.4.2　基于矩阵 matrix 的运算

格式如下：

```
# -- coding: utf-8 --
ma+ma# 矩阵加法
#output
matrix([[ 2,  4,  6],
        [10, 10, 12],
        [14, 18, 18]])
ma-ma# 矩阵减法
#output
matrix([[0, 0, 0],
        [0, 0, 0],
        [0, 0, 0]])
ma*ma# 矩阵乘法
#output
matrix([[ 32,  39,  42],
        [ 72,  89,  99],
        [115, 140, 156]])
```

```
ma**-1# 矩阵求逆
#output
matrix([[-0.6       , 0.6       ,-0.2       ],
        [-0.2       ,-0.8       , 0.6       ],
        [ 0.66666667, 0.33333333, -0.33333333]])
```

5.4.3 基于矩阵 matrix 的统计运算

（1）dot 内积（可以基于一维数组，也可以基于两个矩阵）运算

格式如下：

```
# -- coding: utf-8 --
# 矩阵（多维数组）
a = np.arange(12).reshape(3,4)# 两个 3*2 矩阵
b = np.arange(12,24).reshape(4,3)# 两个 2*3 矩阵
c = np.dot(a,b)# 求 a 和 b 的内积
print a
print b
print c
#output
[[ 0  1  2  3]
 [ 4  5  6  7]
 [ 8  9 10 11]]
[[12 13 14]
 [15 16 17]
 [18 19 20]
 [21 22 23]]
[[114 120 126]
 [378 400 422]
 [642 680 718]]
```

（2）inner 运算

与 dot 乘积一样，对于两个一维数组，计算的是这两个数组对应下标元素的乘积和；对于多维数组，它计算的结果数组中的每个元素都是数组 a 和 b 的最后一维的内积，因此数组 a 和 b 的最后一维的长度必须相同。格式如下：

```
# -- coding: utf-8 --
#inner
a = np.arange(12).reshape(3,4)
b = np.arange(12,24).reshape(3,4)
c = np.inner(a,b)
print a
print b
print c
#output
[[0 1 2 3]
 [4 5 6 7]
 [8 9 10 11]]
[[12 13 14 15]
 [16 17 18 19]
 [20 21 22 23]]
[[ 86 110 134]
 [302 390 478]
 [518 670 822]]
 [642 680 718]]
```

（3）outer 运算

只按照一维数组进行计算，如果传入参数是多维数组，则先将此数组展平为一维数组之后再进行运算。outer 乘积计算的是列向量和行向量的矩阵乘积：

```
# -- coding: utf-8 --
#outer
a = np.arange(12).reshape(3,4)
b = np.arange(12,24).reshape(3,4)
d = np.outer(a,b)
print d
#output
[[ 0  0  0  0  0  0  0  0  0  0  0  0]
 [ 12  13  14  15  16  17  18  19  20  21  22  23]
 [ 24  26  28  30  32  34  36  38  40  42  44  46]
 [ 36  39  42  45  48  51  54  57  60  63  66  69]
 [ 48  52  56  60  64  68  72  76  80  84  88  92]
 [ 60  65  70  75  80  85  90  95 100 105 110 115]
 [ 72  78  84  90  96 102 108 114 120 126 132 138]
 [ 84  91  98 105 112 119 126 133 140 147 154 161]
 [ 96 104 112 120 128 136 144 152 160 168 176 184]
 [108 117 126 135 144 153 162 171 180 189 198 207]
 [120 130 140 150 160 170 180 190 200 210 220 230]
 [132 143 154 165 176 187 198 209 220 231 242 253]]
```

5.5 数组统计运算

针对数组进行统计计算，以下只是通过简单的例子来说明可以基于数组进行相应的统计计算，更多的统计函数参考 Python 手册（numpy 部分），格式如下：

```
# -- coding: utf-8 --
# 统计数组
a = np.arange(12).reshape(3,4)
print 'a 矩阵：\n', a
# 以第 0 行数据为例进行统计运算
print 'a 行 :\n',a[0]# 获取第 0 行
print ' 和值 :',np.sum(a[0])# 求和
print ' 平均值 :',np.mean(a[0]) # 求平均
print ' 方差 :',np.var(a[0]) # 求方差
#outputa 矩阵：
[[ 0  1  2  3]
 [ 4  5  6  7]
 [ 8  9 10 11]]
a 行 :
[0 1 2 3]
和值 : 6
平均值 : 1.5
方差 : 1.25
```

说明：以上各个模块的代码均在 Python 2.7 中进行过测试运行，同时附有“#output(输出显示)”。

第 6 章 <<<<<<<

数据描述与分析

在进行数据分析之前，我们需要做的事情是对数据有初步的了解，这个了解就涉及对行业的了解（此处不讨论）和对数据本身的敏感程度，通俗来说就是对数据的分布有大概的理解，此时我们需要工具进行数据的描述，观测数据的形状等；而后才是对数据进行建模分析，挖掘数据中隐藏的位置信息。目前在数据描述和简单分析方面做得比较好的是 Pandas 库。当然，它还需要结合我们之前提到的Numpy、Scipy等科学计算相关库才能发挥功效。

6.1 Pandas 数据结构

在进行 Pandas 相关介绍时我们首先需要知道的是 Pandas 的两个数据结构（即对象）Series 和 DataFrame，这是 Pandas 的核心结构，掌握了此二者结构和属性要素，会在具体的数据处理过程中如虎添翼。

6.1.1 Series 简介

Series 是一种类似于一维数据的对象，它由两部分组成，第一部分是一维数据，另外一部分是与此一维数据对应的标签数据。但是语言表述不好理解，具体如下：

```
# -- coding: utf-8 --
import pandas as pd
```

```
# 这是约定俗成的写法，一般而言，大家都会写 pd, 当然也可以换成别的
centerSeries = pd.Series([' 中 国 科 学 院 ',' 文 献 情 报 中 心 ',' 大 楼 ', ' 北四环西路 ',])
print centerSeries
#output
0     中国科学院
1    文献情报中心
2        大楼
3     北四环西路
dtype: object
```

因为我们没有指定它的标签数据，而 Python 默认是通过数字排序进行标识，接下来给它添加标识数据，具体如下：

```
# -- coding: utf-8 --
centerSeries = pd.Series([' 中 国 科 学 院 ',' 文 献 情 报 中 心 ',' 大 楼 ', ' 北四环西路 ',],index=['a','b','c','d'])
print centerSeries #index 的 size 同 Series 的 size 必须一样长，否则报错
#output
a     中国科学院
b    文献情报中心
c        大楼
d     北四环西路
dtype: object
```

对比之前的默认标识，我们可以看出它由 1,2,3,4 变成了 a,b,c,d。接下来将解释这样标识的意义，具体如下：

```
# -- coding: utf-8 --
import pandas as pd # 这是约定俗成的写法
centerSeries = pd.Series([' 中 国 科 学 院 ',' 文 献 情 报 中 心 ',' 大 楼 ',
' 北四环西路 ',],index=['a','b','c','d'])
print centerSeries[0]# 通过一维数组进行获取数据
print centerSeries[1]
print centerSeries['c']# 通过标识 index 获取数据
print centerSeries['d']
#output
中国科学院
文献情报中心
大楼
北四环西路
```

另外，我们可以看到通过一维数组格式获取数据和通过 index 标识获取数据都可以，这样的 index 就像曾经学过的数据库中的 id 列的作用，相当于建立了每个数据的索引。当然，针对 Series 的操作不只限于此，还有很多需要我们自己去通过“help”查看得到的。

6.1.2 DataFrame 简介

DataFrame 是一个表格型的数据结构，它包含有列和行索引，当然你也可以把它看作是由 Series 组织成的字典。需要说明的是，DataFrame 的每一列中不需要数据类型相同，且它的数据是通过一个或者多个二维块进行存放，在了解 DataFrame 之前如果读者对层次化索引有所了解，那么 DataFrame 可能相对容易理解，当然如果读者并不知道何谓层次化索引也没关系，举个简单的例子：它类似于常见的 excel 的表格格式，可将它理解为一张

excel 表，至于 DataFrame 在内部具体如何处理，这个作为应用层的过程我们就先不讨论了，具体如下：

```
# -- coding: utf-8 --
# 简单的 DataFrame 制作
# 字典格式的数据
data = {'name':[' 国科图 ',' 国科图 ',' 文献情报中心 ',' 文献情报中心 '],
    'year':['2012','2013','2014','2015'],
    'local':[' 北四环西路 ',' 北四环西路 ',' 北四环西路 ',' 北四环西路 '],
    'student':[' 甲 ',' 乙 ',' 丙 ',' 丁 ']}
centerDF = pd.DataFrame(data)
centerDF # 同样的默认的 index 是数字标识，而且它的列名也是按字母顺序排序
#output
```

	local	name	student	year
0	北四环西路	国科图	甲	2012
1	北四环西路	国科图	乙	2013
2	北四环西路	文献情报中心	丙	2014
3	北四环西路	文献情报中心	丁	2015

调整列的格式，index 仍然用默认的：

```
# -- coding: utf-8 --
data = {'name':[' 国科图 ',' 国科图 ',' 文献情报中心 ',' 文献情报中心 '],
    'year':['2012','2013','2014','2015'],
    'local':[' 北四环西路 ',' 北四环西路 ',' 北四环西路 ',' 北四环西路 '],
    'student':[' 甲 ',' 乙 ',' 丙 ',' 丁 ']}
# 当然我们还可以调整列的顺序
```

```
centerDF = pd.DataFrame(data,columns=['year','name','local','student'])
centerDF # 同样的默认的 index 是数字标识
#output
```

	year	name	local	student
0	2012	国科图	北四环西路	甲
1	2013	国科图	北四环西路	乙
2	2014	文献情报中心	北四环西路	丙
3	2015	文献情报中心	北四环西路	丁

更改 index 的默认设置，如下所示：

```
# -- coding: utf-8 --
data = {'name':[' 国科图 ',' 国科图 ',' 文献情报中心 ',' 文献情报中心 '],
        'year':['2012','2013','2014','2015'],
        'local':[' 北四环西路 ',' 北四环西路 ',' 北四环西路 ',' 北四环西路 '],
        'student':[' 甲 ',' 乙 ',' 丙 ',' 丁 ']}
# 也可以指定它的 index
centerDF = pd.DataFrame(data,columns=['year','name','local','student'],
index=['a','b','c','d'])
centerDF
#output
```

	year	name	local	student
a	2012	国科图	北四环西路	甲
b	2013	国科图	北四环西路	乙
c	2014	文献情报中心	北四环西路	丙
d	2015	文献情报中心	北四环西路	丁

既然 DataFrame 是行列格式的数据，那么理所当然可以通过行、列的方式进行数据获取，按列进行数据获取，具体如下：

```
# -- coding: utf-8 --
data = {'name':[' 国科图 ',' 国科图 ',' 文献情报中心 ',' 文献情报中心 '],
        'year':['2012','2013','2014','2015'],
        'local':[' 北四环西路 ',' 北四环西路 ',' 北四环西路 ',' 北四环西路 '],
        'student':[' 甲 ',' 乙 ',' 丙 ',' 丁 ']}
# 通过列来获取数据
centerDF = pd.DataFrame(data,columns=['year','name','local','student'],
index=['a','b','c','d'])
print centerDF['name']
print ' 列的类型：',type(centerDF['name'])
print centerDF['year']
#output
a    国科图
b    国科图
c  文献情报中心
d  文献情报中心
Name: name, dtype: object
列的类型：<class 'pandas.core.series.Series'>
a  2012
b  2013
c  2014
d  2015
Name: year, dtype: object
```

另外，可以看出按列进行获取时它们的 index 标识是相同的，且每一列是一个 Series 对象。

按行进行数据获取，其实是通过 index 进行操作，具体如下：

```
# -- coding: utf-8 --
data = {'name':[' 国科图 ',' 国科图 ',' 文献情报中心 ',' 文献情报中心 '],
        'year':['2012','2013','2014','2015'],
        'local':[' 北四环西路 ',' 北四环西路 ',' 北四环西路 ',' 北四环西路 '],
        'student':[' 甲 ',' 乙 ',' 丙 ',' 丁 ']}
# 通过行来获取数据
centerDF = pd.DataFrame(data,columns=['year','name','local','student'],
index=['a','b','c','d'])
print centerDF.ix['a']
print type(centerDF.ix['a'])
#output
year          2012
name         国科图
local      北四环西路
student          甲
Name: a, dtype: object
<class 'pandas.core.series.Series'>
```

另外，同样可以看出每一行是一个 Series 对象，此时该 Series 的 index 其实就是 DataFrame 的列名称，综上来看，对于一个 DataFrame 来说，它是纵横双向进行索引，只是每个 Series（纵横）都共用一个索引而已。

6.1.3 利用 Pandas 加载、保存数据

在进行数据处理时我们首要的工作是把数据加载到内存中，这一度成为程序编辑的软肋，但是 Pandas 包所提供的功能几乎涵盖了大多数的数据处理的加载问题，如 read_csv、read_ExcelFile 等。

（1）加载、保存 csv 格式的数据

```
数据源 text.csv
school,institute,grades,name
中国科学院大学 , 文献情报中心 ,15 级 , 田鹏伟
中国科学院大学 , 文献情报中心 ,15 级 , 李四
中国科学院大学 , 文献情报中心 ,15 级 , 王五
中国科学院大学 , 文献情报中心 ,15 级 , 张三
```

```
# -- coding: utf-8 --
# 加载 csv 格式的数据
data_csv = pd.read_csv( 'test.csv' )# 它的默认属性有 sep=','
data_csv
#output
```

	school	institute	grades	name
0	中国科学院大学	文献情报中心	15 级	田鹏伟
1	中国科学院大学	文献情报中心	15 级	李四
2	中国科学院大学	文献情报中心	15 级	王五
3	中国科学院大学	文献情报中心	15 级	张三

```
data_csv = pd.read_csv( 'test.csv',sep='#' )# 更改默认属性 sep='#'
data_csv
```

#output

	school,institute,grades,name
0	中国科学院大学 , 文献情报中心 ,15 级 , 田鹏伟
1	中国科学院大学 , 文献情报中心 ,15 级 , 李四
2	中国科学院大学 , 文献情报中心 ,15 级 , 王五
3	中国科学院大学 , 文献情报中心 ,15 级 , 张三

data_csv = pd.read_csv('test.csv',header=None,skiprows=[0])# 不要表头 Header

print type(data_csv) # 通过它的类型我们可以看到它是 DataFrame

data_csv.columns=['school','institute','grades','name']

可以自行添加表头列

data_csv

#output

<class'pandas.core.frame.DataFrame'>

	school	institute	grades	name
0	中国科学院大学	文献情报中心	15 级	田鹏伟
1	中国科学院大学	文献情报中心	15 级	李四
2	中国科学院大学	文献情报中心	15 级	王五
3	中国科学院大学	文献情报中心	15 级	张三

'''

另外，综上，通过对 csv 格式的文件进行读取，我们可以指定读入的格式（sep=','）也可以指定它的 header 为空 None，最后添加 column，而之所以可以后来添加的原因是读入的 csv 已经是 DataFrame 格式对象。

'''

保存 csv 数据

```
data_csv.ix[1,'name'] = ' 顾老师 '#update
data_csv.to_csv( 'save.csv' ) #save
```

保存的数据

```
,school ,institute ,grades ,name
0, 中国科学院大学 , 文献情报中心 ,15 级 , 田鹏伟
1, 中国科学院大学 , 文献情报中心 ,15 级 , 顾老师
2, 中国科学院大学 , 文献情报中心 ,15 级 , 王五
3, 中国科学院大学 , 文献情报中心 ,15 级 , 张三
```

（2）加载、保存 excel 格式的数据

源数据

	school	institute	grades	name
0	中国科学院大学	文献情报中心	15 级	田鹏伟
1	中国科学院大学	文献情报中心	15 级	李四
2	中国科学院大学	文献情报中心	15 级	王五
3	中国科学院大学	文献情报中心	15 级	张三

```
# 读取 read excel file
data_excel = pd.read_excel( 'excel.xlsx',encoding = 'utf-8',sheetname='Sheet1' )
data_excel
#output
```

	school	institute	grades	name
0	中国科学院大学	文献情报中心	15 级	田鹏伟
1	中国科学院大学	文献情报中心	15 级	李四
2	中国科学院大学	文献情报中心	15 级	王五
3	中国科学院大学	文献情报中心	15 级	张三

```
#updatethe data
data_excel.ix[1,'name'] = ' 顾立平老师 '
data_excel
#output
```

	school	institute	grades	name
0	中国科学院大学	文献情报中心	15 级	田鹏伟
1	中国科学院大学	文献情报中心	15 级	顾立平老师
2	中国科学院大学	文献情报中心	15 级	王五
3	中国科学院大学	文献情报中心	15 级	张三

此处遇到编码问题解决方式如下：

```
import sys
reload(sys)
sys.setdefaultencoding( 'utf8' )
# 为了解决编码问题（编码问题是 2.7 系列版本的缺陷）
#UnicodeDecodeError: 'ascii' codec can't decode byte 0xe9 in position 7: ordinal not in range(128)
```

```
# 保存数据
data_excel.to_excel( 'save.xlsx',sheet_name='Sheet1' )
```

保存结果

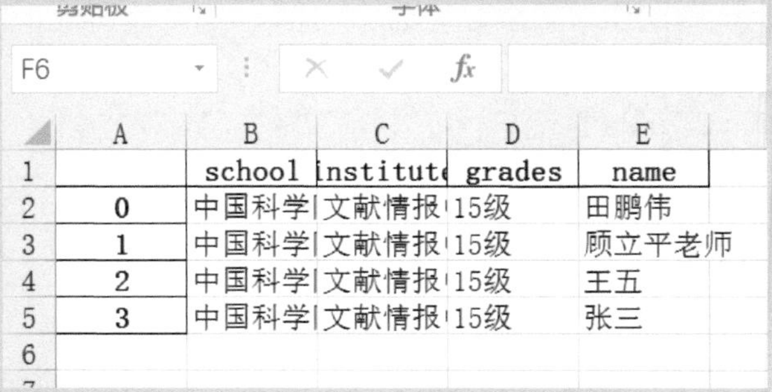

剪贴板　字体

F6　fx

	A	B	C	D	E
1		school	institute	grades	name
2	0	中国科学	文献情报	15级	田鹏伟
3	1	中国科学	文献情报	15级	顾立平老师
4	2	中国科学	文献情报	15级	王五
5	3	中国科学	文献情报	15级	张三
6					

另外，对于 excel 文件来说同 csv 格式的处理相差无几，但是 excel 文件在处理时需要指定 sheetname 属性（读取和写入 sheet_name）。

（3）加载、保存 json 格式的数据

将 json 的数据格式也在此说明是因为 json 数据通常是系统之间数据交互的定制化 xml 格式的数据，现在它已经成为 web 系统中进行数据交换的默认标准。

```
# 源数据（真实的 json 格式的数据多数是通过 http 传输过来的）
obj= {'school':'UCAS','institute':'NSLCAS','name':['tovi','karen','jack']}


# 读取 json
obj_json = json.dumps(obj)
data_json = json.loads(obj_json)
print data_json
#output
{u'institute': u'NSLCAS', u'school': u'UCAS', u'name': [u'tovi', u'karen', u'jack']}
# 保存 json
```

关于保存，实际来说只是在数据交换处理中的一种格式，真正的保存没有实际意义，因为真实的场景是进行数据交换，处理完的 json 数据会做后续的处理。需要说明的一点是，目前 Python 方面针对json的包还不完善，希望未来这一块能够有较好的支持。

6.2　利用 Pandas 处理数据

6.2.1　汇总计算

当我们知道如何加载数据后，接下来就是如何处理数据，虽然之前的赋值计算也是一种计算，但是如果 Pandas 的作用就停留在此，那我们也许只是看到了它的冰山一角，它首先比较吸引人的作用是汇总计算。

（1）基本的数学统计计算

这里的基本计算指的是 sum、mean 等操作，主要是基于 Series（也可能是来自 DataFrame）进行统计计算。举例如下：

```
# 统计计算 sum、mean 等
import numpy as np
import pandas as pd
df = pd.DataFrame(np.arange(16).reshape((4,4)), columns=['aa','bb','cc','dd'],
index = ['a','b','c','d'])
#output
```

	aa	bb	cc	dd
a	0	1	2	3
b	4	5	6	7
c	8	9	10	11
d	12	13	14	15

```
df_data = df.reindex(['a','b','c','d','e'])
df_data# 数据中既有正常的值，也有 NaN 值
#output
```

	aa	bb	cc	dd
a	0.0	1.0	2.0	3.0
b	4.0	5.0	6.0	7.0
c	8.0	9.0	10.0	11.0
d	12.0	13.0	14.0	15.0
e	NaN	NaN	NaN	NaN

```
df_data.sum()# 默认是通过列进行求和，即 axis=0；默认 NaN 值也是忽略的
#output
aa   24.0
bb   28.0
cc   32.0
dd   36.0
df_data.sum(axis=1)# 默认是通过列进行求和
#output
a    6.0
b   22.0
c   38.0
d   54.0
e    0.0
dtype: float64

df_data.sum()#NaN 值忽略禁止
df_data.mean(axis=0,skipna=False)
#output
aa  NaN
bb  NaN
cc  NaN
dd  NaN
dtype: float64

# idxmax idxmin 最大值，最小值的索引
print df.idxmax()
print df.idxmin()
```

```
#output
aa   d
bb   d
cc   d
dd   d
dtype: object
aa   a
bb   a
cc   a
dd   a
dtype: object

# 进行累计 cumsum
print df.cumsum()
#output
   aa  bb  cc  dd
a   0   1   2   3
b   4   6   8  10
c  12  15  18  21
d  24  28  32  36

# 对于刚才提到的最大多数描述性统计可以使用 describe
# 对于这些统计量的含义可以查找“help”得到，此处不再赘述
df.describe()
#output
```

	aa	bb	cc	dd
count	4.000000	4.000000	4.000000	4.000000
mean	6.000000	7.000000	8.000000	9.000000
std	5.163978	5.163978	5.163978	5.163978
min	0.000000	1.000000	2.000000	3.000000
25%	3.000000	4.000000	5.000000	6.000000
50%	6.000000	7.000000	8.000000	9.000000
75%	9.000000	10.000000	11.000000	12.000000
max	12.000000	13.000000	14.000000	15.000000

（2）唯一值、值的计数、成员资格的设定

采用几行代码、一个 output 进行演示：

```
# 是否是唯一值
obj= pd.Series(['a','a','b','b','b','c','c'])
print obj
#output
0   a
1   a
2   b
3   b
4   b
5   c
6   c
dtype: object

print obj.unique()
```

```
#output
['a' 'b' 'c']

#value_counts 是 Python 针对 Series 进行的顶级操作
print pd.value_counts(obj.values,sort = False)
#output
a   2
c   2
b   3
dtype: int64
mark = obj.isin(['a'])# 是否存在 a
print mark
#output
0   True
1   True
2   False
3   False
4   False
5   False
6   False
dtype: bool

obj[mark]# 根据判定条件进行数据获取
#output
0   a
1   a
dtype: object
```

另外，实际应用中不只是这些统计函数在发挥作用，还有很多统计函数，比如计算数值之间的百分变化（pct_change），或者是相关数据的系数与协方差等，这里就不做讨论了，需要时可查看帮助文档来解决。

6.2.2　缺失值处理

（1）缺失值概念

缺失值（missing data）是在数据处理中在所难免的问题，Pandas 对缺失值的处理目的是简化对缺失值处理的工作。缺失值在 Pandas 中使用的是浮点数（numpy.nan:Not a Number），具体代码如下：

```
#NaN  data processing
import numpy as np
import pandas as pd

data = pd.Series([11,22,33,np.nan,55]) # 定义 NaN 值通过 numpy.nan
data
#output
0    11.0
1    22.0
2    33.0
3    NaN
4    55.0
dtype: float64

data.isnull()# 判定是否为空 NaN
#output
```

```
0    False
1    False
2    False
3    True
4    False
dtype: bool

#Python 中对于 None 也认为是 NaN
data[2]=None
data
#output
0    11.0
1    22.0
2    NaN
3    NaN
4    55.0
dtype: float64
```

（2）过滤缺失值

对于缺失值的过滤主要通过 dropna 进行，如下所示：

```
data.dropna()# 过滤 NaN 值 # 接着上面定义的 data 进行操作
#output
0    11.0
1    22.0
4    55.0
dtype: float64
```

```
# 当然 dropna 太过暴力——它会过滤所有的 NaN 值，这样往往不是一般正常需要的处理结果
# 我们通过 dropna 的属性进行限定
df = pd.DataFrame(np.arange(16).reshape((4,4)), columns=['aa','bb','cc','dd'], index = ['a','b','c','d'])
# 制造 NaN 值
df.ix[:1,:] = np.nan
print df
#output
     aa    bb    cc    dd
a   NaN   NaN   NaN   NaN
b   4.0   5.0   6.0   7.0
c   8.0   9.0  10.0  11.0
d  12.0  13.0  14.0  15.0

print df.dropna(axis=1,how='all') # 0 行 1 列
#output 并没有发生变化，因为过滤的是列，要求一列全都是 NaN 值
     aa    bb    cc    dd
a   NaN   NaN   NaN   NaN
b   4.0   5.0   6.0   7.0
c   8.0   9.0  10.0  11.0
d  12.0  13.0  14.0  15.0

df.dropna(axis=0,how='all') # 0 行 1 列
#output
```

	aa	bb	cc	dd
b	4.0	5.0	6.0	7.0
c	8.0	9.0	10.0	11.0
d	12.0	13.0	14.0	15.0

（3）填充缺失值

因为数据处理的要求，可能并不需要将所有数据进行过滤，此时需要对数据进行必要的填充（比如 0.0）；还可以用线性插值进行必要的填充，而这个在数据处理中经常需要用到的方式如下所示：

```
# fillna
df = pd.DataFrame(np.arange(16).reshape((4,4)), columns=['aa','bb','cc','dd'],
index = ['a','b','c','d'])
# 制造 NaN 值
df.ix[:1,:] = np.nan
print df
#output
     aa    bb    cc    dd
a   NaN   NaN   NaN   NaN
b   4.0   5.0   6.0   7.0
c   8.0   9.0  10.0  11.0
d  12.0  13.0  14.0  15.0
print df.fillna(0.0) # fillna 默认会返回新的对象
#output
     aa   bb   cc   dd
a   0.0  0.0  0.0  0.0
```

```
b  4.0  5.0  6.0  7.0
c  8.0  9.0 10.0 11.0
d 12.0 13.0 14.0 15.0
```

也可以像 dropna 操作一样进行必要的限定而不是所有的值都进行填充

print df.fillna({1:0.5,2:5.5})# 测试失败

当需要在旧的对象上进行更改，而不是经过过滤返回一个新的对象时

```
df.fillna(0.5,inplace = True)
df
#output
```

	aa	bb	cc	dd
a	0.5	0.5	0.5	0.5
b	4.0	5.0	6.0	7.0
c	8.0	9.0	10.0	11.0
d	12.0	13.0	14.0	15.0

可以选择一些线性插值进行填充

```
df.ix[:1,:] = np.nan
df.fillna(method='bfill' )# 后向寻值填充
#output
```

	aa	bb	cc	dd
a	4.0	5.0	6.0	7.0
b	4.0	5.0	6.0	7.0
c	8.0	9.0	10.0	11.0
d	12.0	13.0	14.0	15.0

```
df.fillna(df.mean())# 使用平均值进行填充
```

	aa	bb	cc	dd
a	8.0	9.0	10.0	11.0
b	4.0	5.0	6.0	7.0
c	8.0	9.0	10.0	11.0
d	12.0	13.0	14.0	15.0

另外，在处理缺失值时除了以上介绍的简单操作之外，更多的时候需要根据数据挖掘需求或者程序运行方面灵活地进行缺失值处理，程序是人为设定的规则，但针对这些规则进行优化组合将会带来新的效果。

6.3 数据库的使用

关于数据库的使用，虽然各大厂商都在追捧 NOSQL，但目前使用最多的还是关系型数据库（MySQL、SQLServer、PostgreSql 等）。总体而言，数据库的选择取决于其性能、数据完整性及应用程序的需求等。

在这里我们使用 Python 内置的 sqlite3 驱动器，操作过程如下所示：

```
#sql MySql
import sqlite3 as sql# 首先我们需要导入 sqlite3 包
# 现在我们使用的是 Python 内置的数据库

# 创建数据库表（table）
query = 'create table test(a varchar(20),b varchar(20),c real, d integer);'
con = sql.connect( ':memory:' )
# 可以看出它是内置数据库而且此处又使用 memory，
```

```
# 因此它的处理是放在内存进行处理的内置操作
con.execute(query)
con.commit()

# 对刚才创建的 test 表写入数据
#insert data
data = [( 'UCAS','NSLCAS',0.5,1),
        ( 'UCAS','NSLCAS',0.5,2),
        ( 'UCAS','NSLCAS',0.5,3),
        ( 'UCAS','NSLCAS',0.5,4)]
stmt = 'insert into test values(?,?,?,?)'
con.executemany(stmt,data)# 多行方式写入，如果单行模式用 con.
execute
con.commit()

# 查找数据
#select data
sql_str='select * from test'
cursor = con.execute(sql_str)
rows = cursor.fetchall()
rows
#output
[(u'UCAS', u'NSLCAS', 0.5, 1),
 (u'UCAS', u'NSLCAS', 0.5, 2),
 (u'UCAS', u'NSLCAS', 0.5, 3),
 (u'UCAS', u'NSLCAS', 0.5, 4)]
'''
说明：查找的数据是我们刚才写入的数据
```

```
关键的地方才正式开始：通过获取的数据 rows 生成 DataFrame（这是建立数据库中数据同 Pandas 数据对象 DataFrame 之间关系的关键）
'''
column = zip(*cursor.description)[0] # 获取列名
df = pd.DataFrame(rows,columns=column)
df
#output
```

	a	b	c	d
0	UCAS	NSLCAS	0.5	1
1	UCAS	NSLCAS	0.5	2
2	UCAS	NSLCAS	0.5	3
3	UCAS	NSLCAS	0.5	4

优化：之前的操作看似简单流畅，但是针对具体应用来看不是很理想，原因在于我们需要对数据库的每次操作进行代码的重写，这样既耗时又耗力，庆幸的是 Pandas 提供了一组方法帮我们解决类似难题。

```
#Pandas 针对该种烦琐的操作提供了更加优化的方式进行数据访问
import pandas.io.sql as pdsql# 需要导入这个库（pandas.io.sql）
pdsql.read_sql_query('select * from test' ,con) # 当然 con 都是同样的
#output
```

	a	b	c	d
0	UCAS	NSLCAS	0.5	1
1	UCAS	NSLCAS	0.5	2
2	UCAS	NSLCAS	0.5	3
3	UCAS	NSLCAS	0.5	4

另外，也就是说 read_sql_query(查询语句，连接) 返回的就是我们需要的数据格式 DataFrame，仅用此句代码搞定。当然这里只是抛砖引玉，当真正需要同数据库进行数据交互时，查询相关的文档是最好的方式。

第 7 章 <<<<<<

Python 绘图与可视化

Python 有许多可视化工具，但本书只介绍 Matplotlib。Matplotlib 是一种 2D 的绘图库，它可以支持硬拷贝和跨系统的交互，它可以在 Python 脚本、IPython 的交互环境下、Web 应用程序中使用。该项目是由 John Hunter 于 2002 年启动的，其目的是为 Python 构建一个 MATLAB 式的绘图接口。如果结合使用一种 GUI 工具包（如 IPython），Matplotlib 还具有诸如缩放和平移等交互功能。它不仅支持各种操作系统上许多不同的 GUI 后端，而且还能将图片导出为各种常见的矢量（vector）和光栅（raster）图：PDF、SVG、JPG、PNG、BMP、GIF 等。

7.1 Matplotlib 程序包

所谓“一图胜千言”，我们很多时候需要通过可视化的方式查看、分析数据，虽然 Pandas 中也有一些绘图操作，但是相比较而言，Matplotlib 在绘图显示效果方面更加绚丽。Pyplot 为 Matplotlib 提供了一个方便的接口，我们可以通过 Pyplot 对 Matplotlib 进行操作，多数情况下 Pyplot 的命令与 MATLAB 有些相似。

导入 Matplotlib 包进行简单的操作（此处需要安装 pip install matplotlib）：

```
# -- coding: utf-8 --
import matplotlib.pyplot as plt # 约定俗成的写法 plt
# 首先定义两个函数（正弦 & 余弦）
import numpy as np
X = np.linspace(-np.pi, np.pi, 256,endpoint=True) #-π to +π 的 256 个值
C,S = np.cos(X), np.sin(X)
plt.plot(X,C)
plt.plot(X,S)
# 在 ipython 的交互环境中需要这句才能显示出来
plt.show()
#output
```

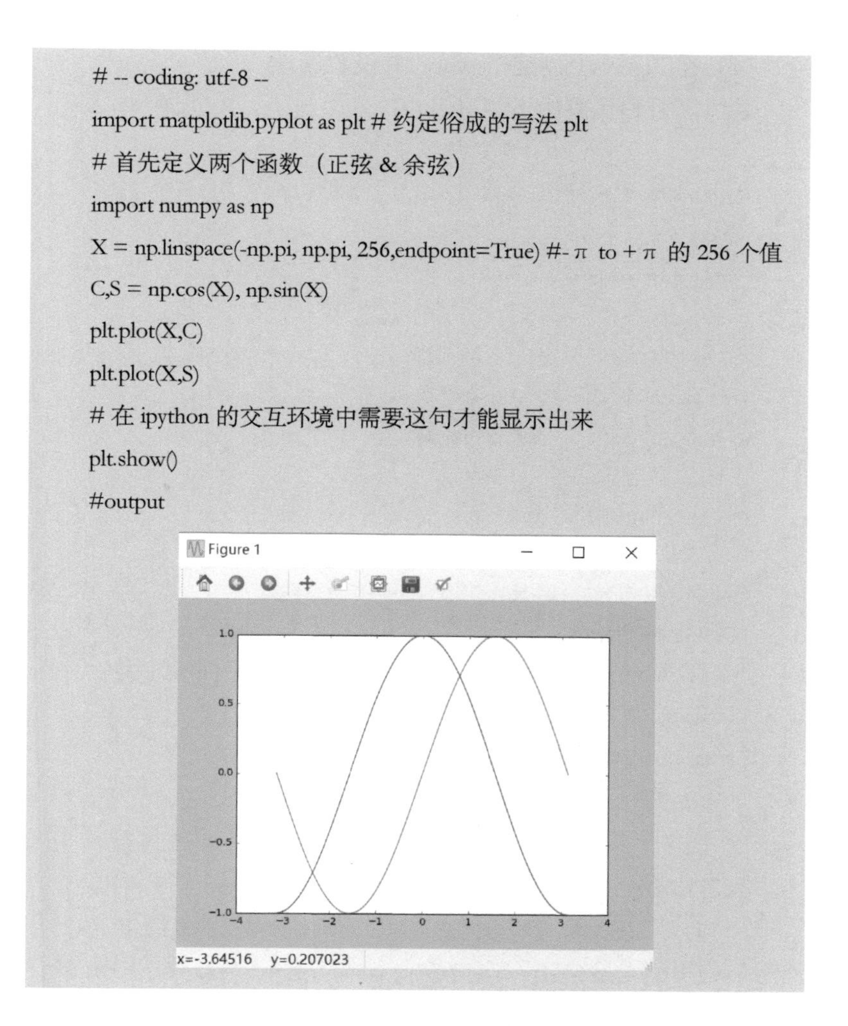

7.2 绘图命令的基本架构及其属性设置

上面的例子我们可以看出，几乎所有的属性和绘图的框架我们都选用默认设置。现在我们来看 Pyplot 绘图的基本框架是什么，用过 Photoshop 的人都知道，作图时先要定义一个画布，此处的画布就是 Figure，然后再把其他素材“画”到该 Figure 上。

（1）在 Figure 上创建子 plot，并设置属性

具体简析和代码如下：

```
# -- coding: utf-8 --
import numpy as np
import matplotlib.pyplot as plt

x = np.linspace(0, 10, 1000) #X 轴数据
y1 = np.sin(x)               #Y 轴数据
y2 = np.cos(x**2)            #Y 轴数据

plt.figure(figsize=(8,4))

plt.plot(x,y1,label="$sin(x)$",color="red",linewidth=2)
plt.plot(x,y2,"b--",label="$cos(x^2)$")
# 指定曲线的颜色和线形，如 'b--' 表示蓝色虚线（b: 蓝色 ,-：虚线）
plt.xlabel( "Time(s)")
plt.ylabel( "Volt")
plt.title( "PyPlot First Example")
'''
使用关键字参数可以指定所绘制的曲线的各种属性：
    label：给曲线指定一个标签名称，此标签将在图示中显示。如果
标签字符串的前后有字符 '$'，则 Matplotlib 会使用其内嵌的 LaTex 引擎
将其显示为数学公式
    color：指定曲线的颜色。颜色可以用如下方法表示
英文单词
以 '#' 字符开头的 3 个 16 进制数，如 '#ff0000' 表示红色。以 0~1 的
RGB 表示，如 (1.0, 0.0, 0.0) 也表示红色。
```

```
    linewidth：指定曲线的宽度，可以不是整数，也可以使用缩写形式的参数名 lw。
    '''
    plt.ylim(-1.5,1.5)
    plt.legend()

    plt.show()
    #output
```

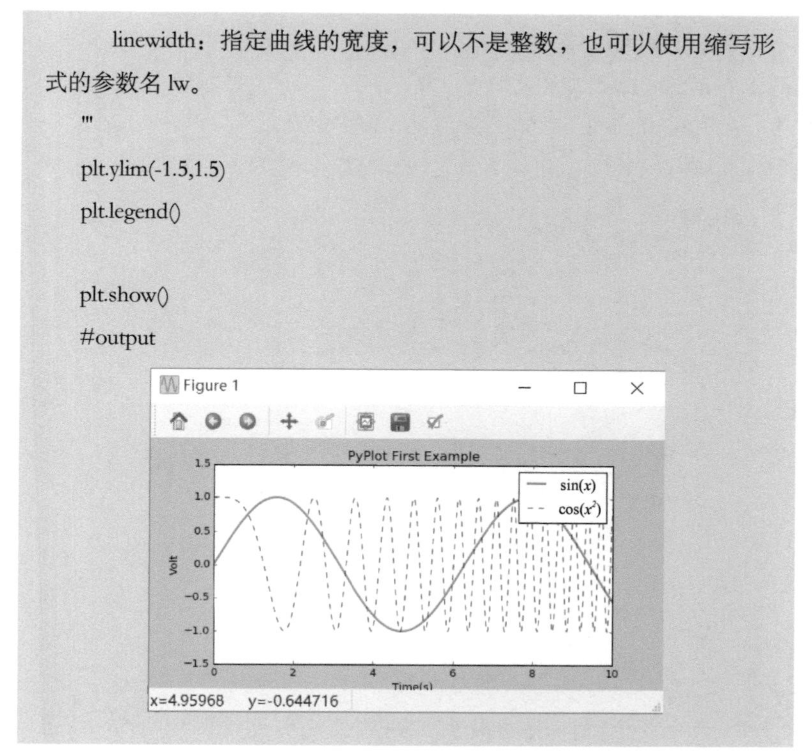

（2）在 Figure 上创建多个子 plot

如果需要同时绘制多幅图表的话，可以给 Figure 传递一个整数参数指定图表的序号，如果所指定序号的绘图对象已经存在的话，将不创建新的对象，而只是让它成为当前绘图对象。具体简析和代码如下：

```
# -- coding: utf-8 --
import numpy as np
import matplotlib.pyplot as plt
fig1 = plt.figure(2)
```

```
plt.subplot(211)
#subplot(211) 把绘图区域等分为 2 行 *1 列共两个区域，
# 然后在区域 1( 上区域 ) 中创建一个轴对象。
plt.subplot(212)# 在区域 2( 下区域 ) 创建一个轴对象。
plt.show()
#output
```

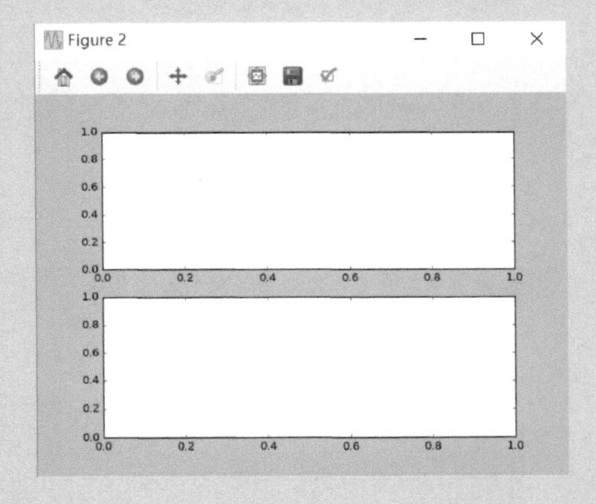

我们还可通过命令再次拆分这些块（相当于 Word 中的拆分单元格操作）

```
f1 = plt.figure(5)
plt.subplot(221)
plt.subplot(222)
plt.subplot(212)
plt.subplots_adjust(left=0.08, right=0.95, wspace=0.25, hspace=0.45)
#subplots_adjust 的操作是类似于网页 css 格式化中的边距处理，左边距离多少？
```

```
# 右边距离多少？这个取决于你需要绘制的大小和各个模块之间的间距。
plt.show()
#output
```

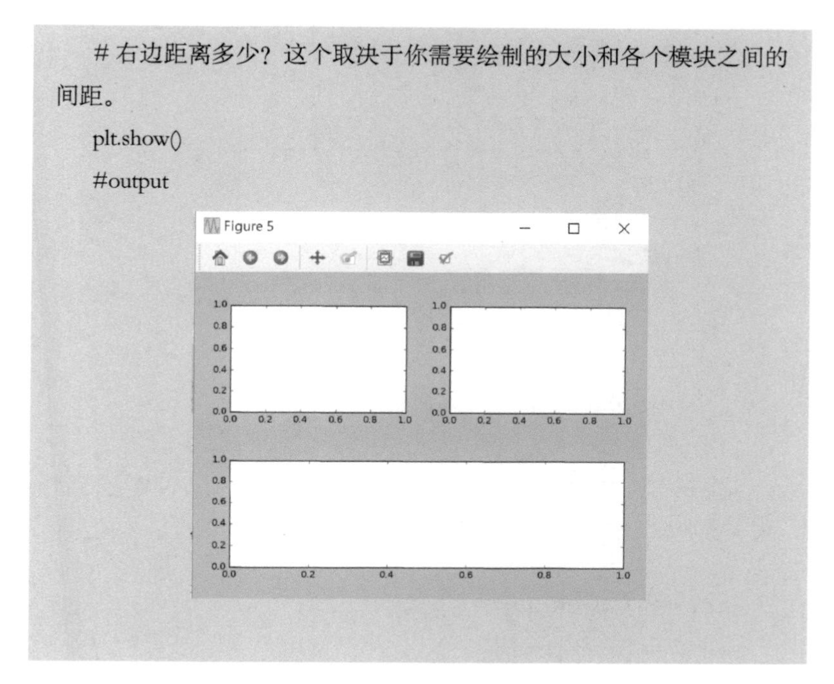

（3）通过 Axes 设置当前对象 plot 的属性

以上我们操作的是在 Figure 上绘制图案，但是当我们绘制的图案过多，又需要选取不同的小模块进行格式化设置时，Axes 对象就能很好地解决这个问题。具体简析和代码如下：

```
# -- coding: utf-8 --
import numpy as np
import matplotlib.pyplot as plt
fig, axes = plt.subplots(nrows=2, ncols=2)# 定一个 2*2 的 plot
plt.show()
#output
```

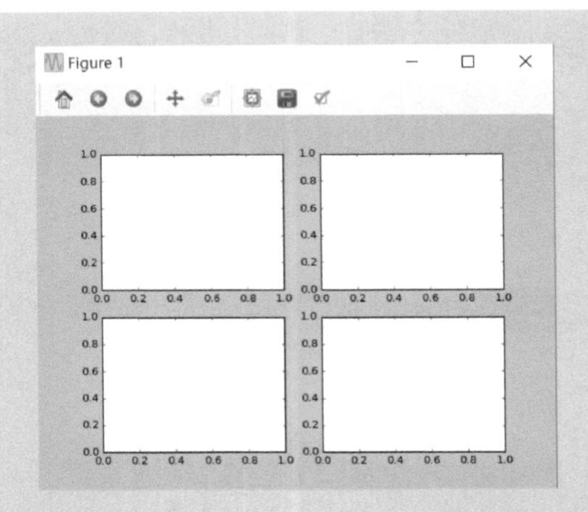

现在我们需要通过命令来操作每个 plot（subplot），设置它们的 title 并删除横纵坐标值

```
fig, axes = plt.subplots(nrows=2, ncols=2)
axes[0,0].set(title='Upper Left' )
axes[0,1].set(title='Upper Right' )
axes[1,0].set(title='Lower Left' )
axes[1,1].set(title='Lower Right' )

# 通过 Axes 的 flat 属性进行遍历
for ax in axes.flat:
    # xticks 和 yticks 设置为空值
ax.set(xticks=[], yticks=[])

plt.show()
#output
```

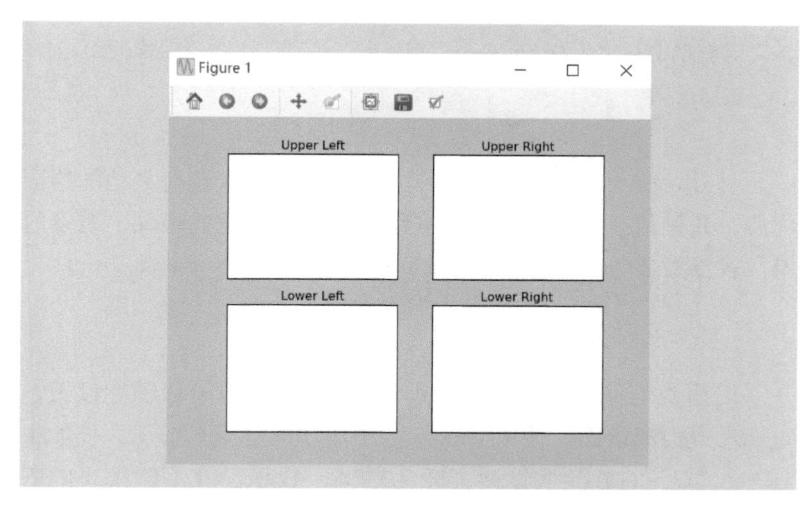

另外，实际来说，plot 操作的底层操作就是 Axes 对象的操作，只不过如果我们不使用 Axes 而用 plot 操作时，它默认的是 plot.subplot(111)，也就是说 plot 其实是 Axes 的特例。

（4）保存 Figure 对象

最后一项操作就是保存，我们绘图的目的是用在其他研究中，或者希望可以把研究结果保存下来，此时需要的操作是 save。具体简析和代码如下：

```
# -- coding: utf-8 --
import numpy as np
import matplotlib.pyplot as plt
plt.savefig("save_test.png", dpi=520) # 默认像素 dpi 是 80
#output
```

save	2016/5/28 16:27	Microsoft Excel 逗...	1 KB
save	2016/5/28 16:30	Microsoft Excel 工...	6 KB
save_test	2016/6/23 21:03	PNG 文件	97 KB
test	2016/5/28 15:33	Microsoft Excel 逗...	1 KB

```
# 很明显保存的像素越高，内存越大。此处只是用了 savefig 属性对
Figure 进行保存。
```

另外，除了上述的基本操作之外，Matplotlib 还有其他的绘图优势，此处只是简单介绍了它在绘图时需要注意的事项，更多的属性设置请参考：http://matplotlib.org/api/pyplot_summary.html。

7.3 Seaborn 模块介绍

前面我们简单介绍了 Matplotlib 库的绘图功能和属性设置，对于常规性的绘图，使用 Pandas 的绘图功能已经足够了，但如果对 Matplotlib 的 API 属性研究较为透彻，几乎没有不能解决的问题。但是有些时候 Matplotlib 还是有它的不足之处，Matplotlib 自动化程度非常高，但是，掌握如何设置系统以便获得一个吸引人的图是相当困难的事。为了控制 Matplotlib 图表的外观，Seaborn 模块自带许多定制的主题和高级的接口。

7.3.1 未加 Seaborn 模块的效果

具体简析和代码如下：

```
# -- coding: utf-8 --
# 有关于 seaborn 介绍
import numpy as np
import matplotlib as mpl
import matplotlib.pyplot as plt
np.random.seed(sum(map(ord, "aesthetics")))
# 首先定义一个函数用来画正弦函数，可帮助了解可以控制的不同
风格参数
```

```
def sinplot(flip=1):
    x = np.linspace(0, 14, 100)
    for i in range(1, 7):
        plt.plot(x, np.sin(x + i * .5) * (7 - i) * flip)
        sinplot()
    plt.show()
#output
```

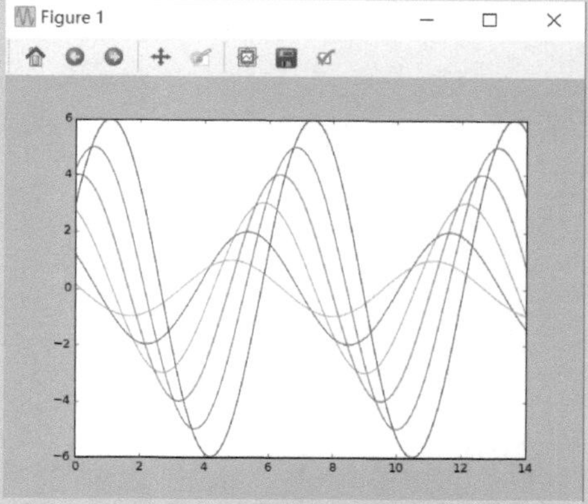

7.3.2 加入 Seaborn 模块的效果

引入 Seaborn 模块查看运行结果，具体简析和代码如下：

```
# -- coding: utf-8 --
import numpy as np
import matplotlib as mpl
import matplotlib.pyplot as plt
np.random.seed(sum(map(ord, "aesthetics")))


def sinplot(flip=1):
```

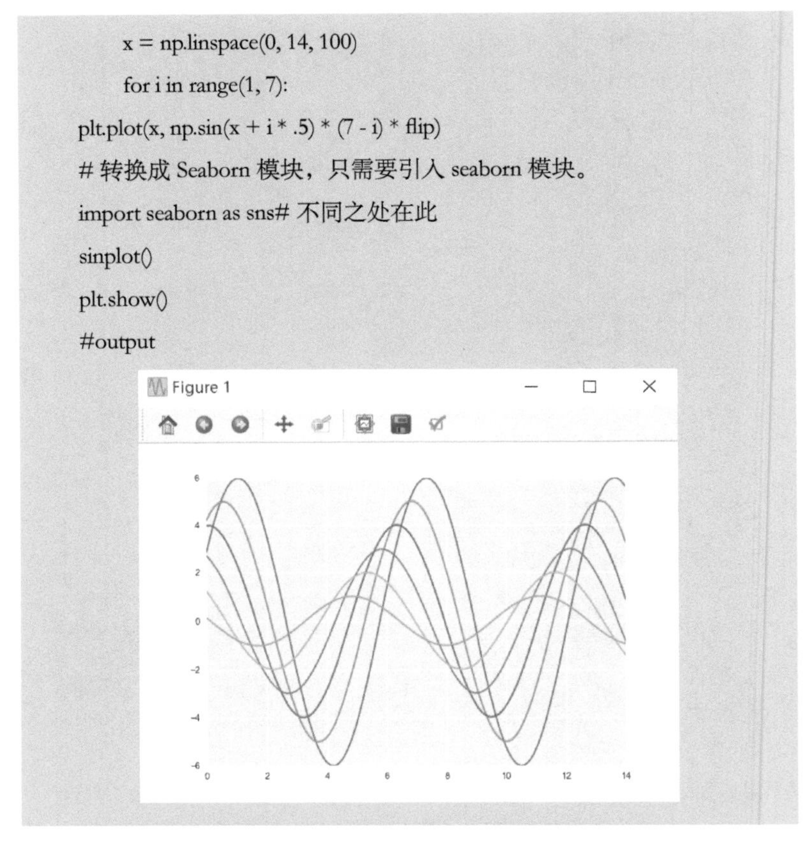

```
    x = np.linspace(0, 14, 100)
    for i in range(1, 7):
plt.plot(x, np.sin(x + i * .5) * (7 - i) * flip)
# 转换成 Seaborn 模块，只需要引入 seaborn 模块。
import seaborn as sns# 不同之处在此
sinplot()
plt.show()
#output
```


使用 Seaborn 的优点有：① Seaborn 默认浅灰色背景与白色网络线的灵感来源于 Matplotlib，却比 Matplotlib 的颜色更加柔和；② Seaborn 把绘图风格参数与数据参数分开设置。Seaborn 有两组函数对风格进行控制：axes_style()/set_style() 函数和 plotting_context()/set_context() 函数。axes_style() 函数和 plotting_context() 函数返回参数字典，set_style() 函数和 set_context() 函数设置 Matplotlib。

（1）使用 set_style() 函数

具体通过 coding 查看效果：

```
# -- coding: utf-8 --
import seaborn as sns
'''
Seaborn 有 5 种预定义的主题：
darkgrid（灰色背景 + 白网格）
whitegrid（白色背景 + 黑网格）
dark（仅灰色背景）
white（仅白色背景）
ticks（坐标轴带刻度）
默认的主题是 darkgrid，修改主题可以使用 set_style() 函数。
'''
sns.set_style( "whitegrid" )
sinplot()
plt.show()
#output
```

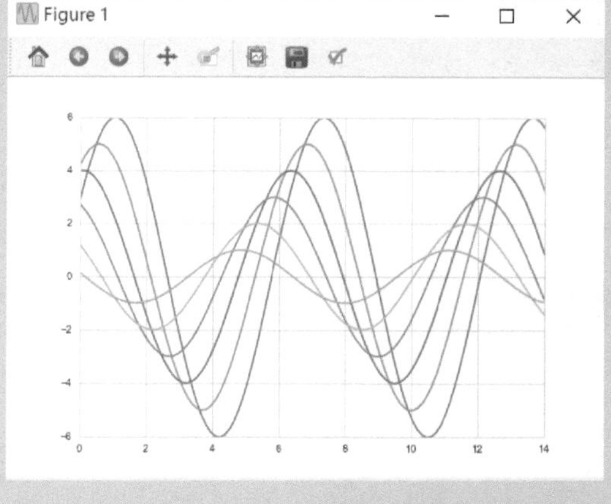

（2）使用 set_context() 函数

具体通过 coding 查看效果：

```
# -- coding: utf-8 --
import seaborn as sns
'''
上下文（context）可以设置输出图片的大小尺寸（scale）。
Seaborn 中预定义的上下文有 4 种：paper、notebook、talk 和 poster。
默认使用 notebook 上下文。
'''
sns.set_context( "paper" )
sinplot()
plt.show()
#output
```

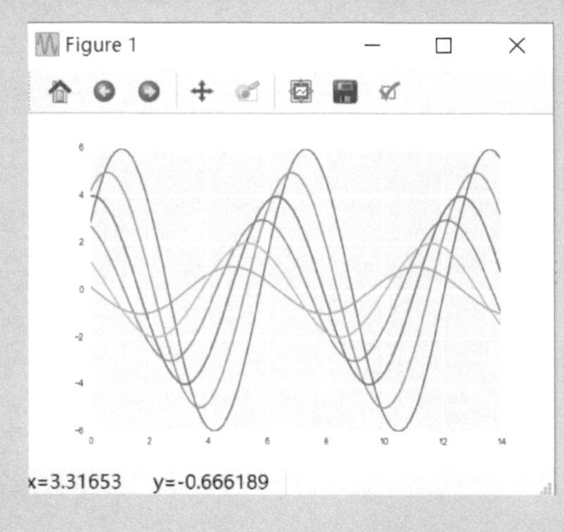

（3）使用 Seaborn“耍酷”

然而 Seaborn 不仅能够用来更改背景颜色，或者改变画布大小，还有其他很多方面的用途，比如下面这个例子：

```
# -- coding: utf-8 --
'''
Annotated heatmaps
==================
'''
import seaborn as sns
sns.set()

# 通过加载 sns 自带数据库中的数据（具体数据可以不关心）
flights_long = sns.load_dataset( "flights" )
flights = flights_long.pivot( "month", "year", "passengers" )

# 使用每个单元格中的数据值绘制一个热图 heatmap
sns.heatmap(flights, annot=True, fmt="d", linewidths=.5)
plt.show()
#output
```

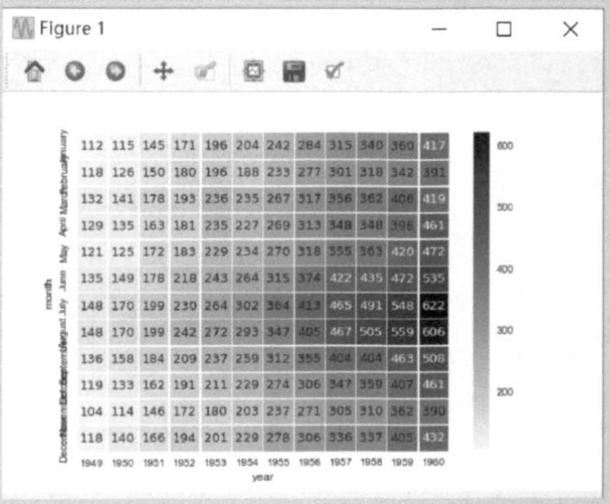

7.4 描述性统计图形概览

描述性统计是借助图表或者总结性的数值来描述数据的统计手段。数据挖掘工作的数据分析阶段，我们可借助描述性统计来描绘或总结数据的基本情况，一来可以梳理自己的思维，二来可以更好地向他人展示数据分析结果。数值分析的过程中，我们往往要计算出数据的统计特征，用来做科学计算的 NumPy 和 SciPy 工具可以满足我们的需求。Matplotlib 工具可用来绘制图，满足图分析的需求。

7.4.1 制作数据

数据是自己制作的，主要包括个人身高、体重及一年的借阅图书量（之所以自己制作数据是因为不是每份真实的数据都可以进行接下来的分析，比如有些数据就不能绘制饼图，另一个角度也说明，此处举例的数据其实没有实际意义，只是为了分析而举例，但是不代表在具体的应用中这些分析不能发挥作用）。

另外，以下的数据显示都是在 Seaborn 库的作用下体现的效果。

```
# -- coding: utf-8 --
# 案例分析（结合图书情报学，比如借书量）
from numpy import array
from numpy.random import normal


def getData():
    heights = []
    weights = []
    books = []
    N = 10000
```

```
    for i in range(N):
        while True:
            # 身高服从均值为 172，标准差为 6 的正态分布
            height = normal(172, 6)
            if 0 < height: break
        while True:
            # 体重由身高作为自变量的线性回归模型产生，误差服从
标准正态分布
            weight = (height - 80) * 0.7 + normal(0, 1)
            if 0 < weight: break
        while True:
            # 借阅量服从均值为 20，标准差为 5 的正态分布
            number = normal(20, 5)
            if 0 <= number and number <= 50:
                book = 'E' if number < 10 else ('D' if number < 15 else ('C'
if number <20 else ('B' if number < 25 else 'A' )))
                break
        heights.append(height)
        weights.append(weight)
        books.append(book)
    return array(heights), array(weights), array(books)

heights, weights, books = getData()
```

7.4.2　频数分析

（1）定性分析

柱状图和饼形图是对定性数据进行频数分析的常用工具，使用前需将每一类的频数计算出来。

①柱状图。柱状图是以柱的高度来指代某种类型的频数，使用 Matplotlib 对图书借阅量这一定性变量绘制柱状图的代码如下：

```
# -- coding: utf-8 --
from matplotlib import pyplot

# 绘制柱状图
def drawBar(books):
    xticks = ['A', 'B', 'C', 'D', 'E']
    bookGroup = {}
    # 对每一类借阅量进行频数统计
    for book in books:
        bookGroup[book] = bookGroup.get(book, 0) + 1
    # 创建柱状图
    # 第一个参数为柱的横坐标
    # 第二个参数为柱的高度
    # 参数 align 为柱的对齐方式，以第一个参数为参考标准
    pyplot.bar(range(5), [bookGroup.get(xtick, 0) for xtick in xticks], align='center')

    # 设置柱的文字说明
    # 第一个参数为文字说明的横坐标
    # 第二个参数为文字说明的内容
    pyplot.xticks(range(5), xticks)
    # 设置横坐标的文字说明
    pyplot.xlabel( 'Types of Students' )
    # 设置纵坐标的文字说明
    pyplot.ylabel( 'Frequency' )
    # 设置标题
```

```
    pyplot.title( 'Numbers of Books Students Read' )
    # 绘图
    pyplot.show()

drawBar(books)
#output
```

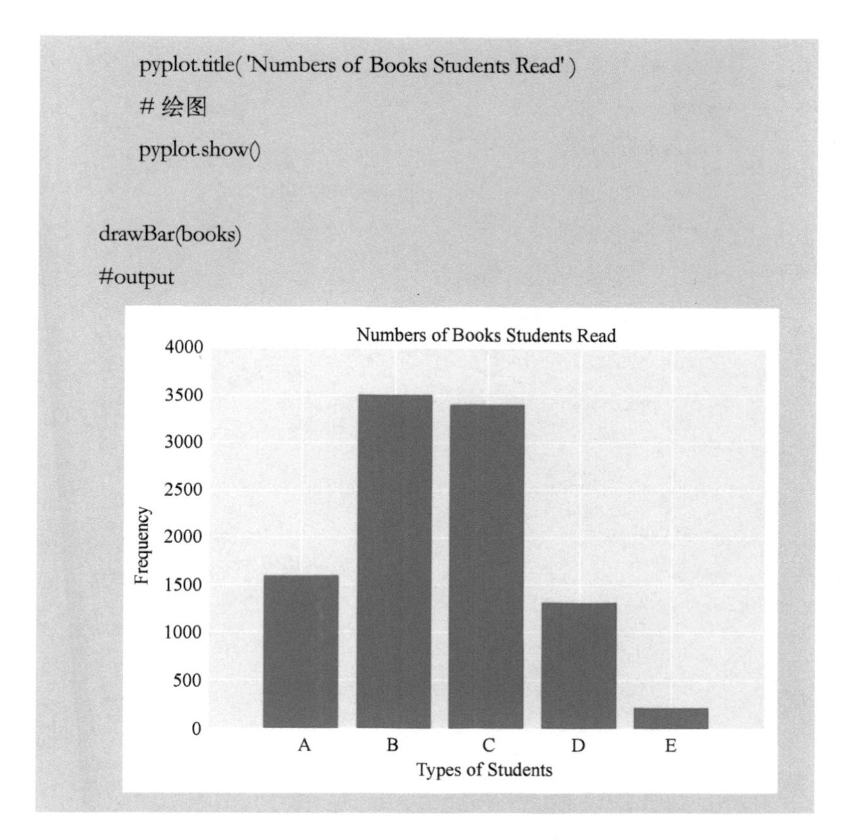

②饼形图。饼形图是以扇形的面积来指代某种类型的频率，使用 Matplotlib 对图书借阅量这一定性变量绘制饼形图的代码如下：

```
# -- coding: utf-8 --
from matplotlib import pyplot


# 绘制饼形图
def drawPie(books):
```

```
        labels = ['A', 'B', 'C', 'D', 'E']
        bookGroup = {}
        for book in books:
            bookGroup[book] = bookGroup.get(book, 0) + 1
        # 创建饼形图
        # 第一个参数为扇形的面积
        #labels 参数为扇形的说明文字
        #autopct 参数为扇形占比的显示格式
        pyplot.pie([bookGroup.get(label,0) for label in labels], labels=labels,
autopct='%1.1f%%' )
        pyplot.title( 'Numbers of Books Students Read' )
        pyplot.show()

    drawPie(books)
    #output
```

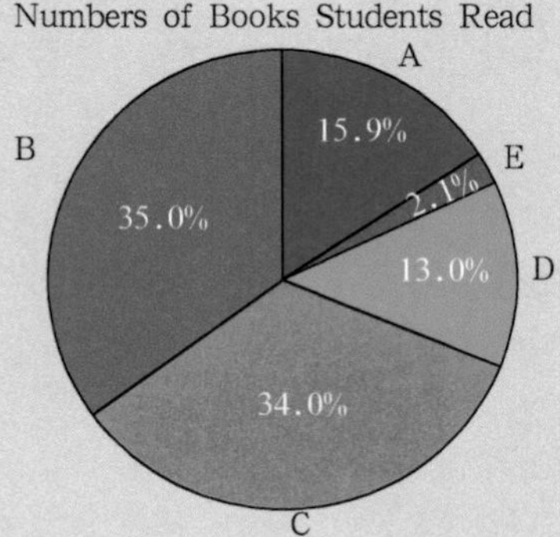

（2）定量分析

直方图类似于柱状图，是用柱的高度来指代频数，不同的是其将定量数据划分为若干连续的区间，在这些连续的区间上绘制柱。

①直方图。使用 Matplotlib 对身高这一定量变量绘制直方图的代码如下：

```
# -- coding: utf-8 --
from matplotlib import pyplot

# 绘制直方图
def drawHist(heights):
    # 创建直方图
    # 第一个参数为待绘制的定量数据，不同于定性数据，这里并没
有事先进行频数统计
    # 第二个参数为划分的区间个数
    pyplot.hist(heights, 100)
    pyplot.xlabel( 'Heights' )
    pyplot.ylabel( 'Frequency' )
    pyplot.title( 'Heights of Students' )
    pyplot.show()

drawHist(heights)
#output
```

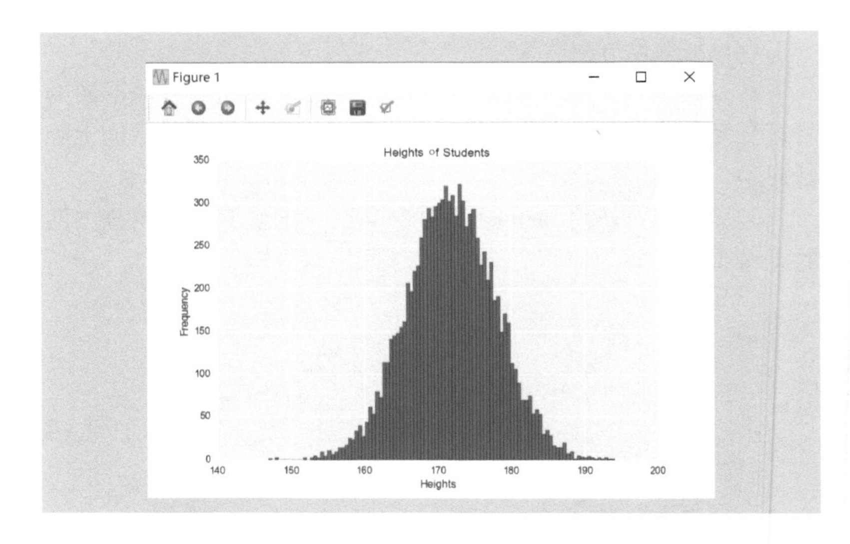

②累积曲线。使用 Matplotlib 对身高这一定量变量绘制累积曲线的代码如下：

```
# -- coding: utf-8 --
from matplotlib import pyplot


# 绘制累积曲线
def drawCumulativeHist(heights):
    # 创建累积曲线
    # 第一个参数为待绘制的定量数据
    # 第二个参数为划分的区间个数
    #normed 参数为是否无量纲化
    #histtype 参数为 'step'，绘制阶梯状的曲线
    #cumulative 参数为是否累积
    pyplot.hist(heights, 20, normed=True, histtype='step', cumulative=True)
```

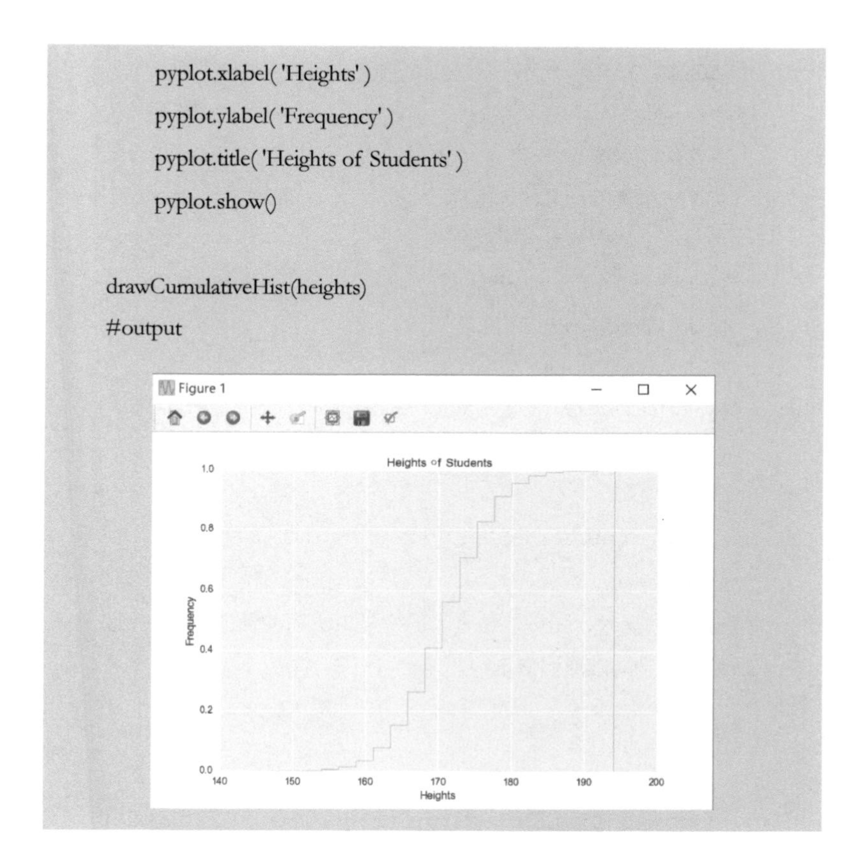

```
    pyplot.xlabel( 'Heights' )
    pyplot.ylabel( 'Frequency' )
    pyplot.title( 'Heights of Students' )
    pyplot.show()

drawCumulativeHist(heights)
#output
```


7.4.3　关系分析

散点图。在散点图中，分别以自变量和因变量作为横纵坐标。当自变量与因变量线性相关时，散点图中的点近似分布在一条直线上。我们以身高作为自变量，体重作为因变量，讨论身高对体重的影响。使用 Matplotlib 绘制散点图的代码如下：

```
# -- coding: utf-8 --
from matplotlib import pyplot
```

```
# 绘制散点图
def drawScatter(heights, weights):
    # 创建散点图
    # 第一个参数为点的横坐标
    # 第二个参数为点的纵坐标
    pyplot.scatter(heights, weights)
    pyplot.xlabel( 'Heights' )
    pyplot.ylabel( 'Weights' )
    pyplot.title( 'Heights & Weights of Students' )
    pyplot.show()

drawScatter(heights, weights)
#output
```

在创建数据时，变量“体重”的确是由身高变量通过线性回归产生，所绘制出来的散点图如下：

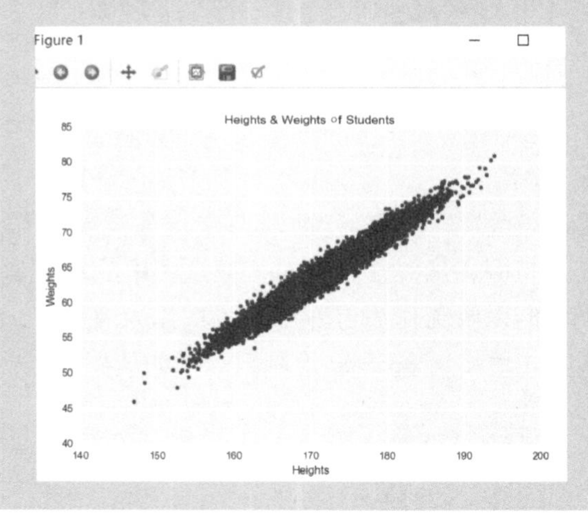

7.4.4 探索分析

箱形图。在不明确数据分析的目标时，我们对数据进行一些探索性的分析，可以知道数据的中心位置、发散程度及偏差程度。使用 Matplotlib 绘制关于身高的箱形图的代码如下：

```
# -- coding: utf-8 --
from matplotlib import pyplot


# 绘制箱形图
def drawBox(heights):
    # 创建箱形图
    # 第一个参数为待绘制的定量数据
    # 第二个参数为数据的文字说明
    pyplot.boxplot([heights], labels=['Heights'])
    pyplot.title( 'Heights of Students' )
    pyplot.show()


drawBox(heights)
#output
```

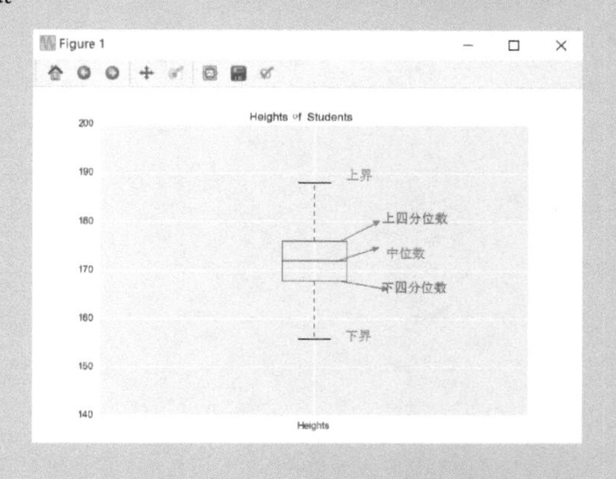

> 注：①上四分位数与下四分位数的差叫四分位差，它是衡量数据发散程度的指标之一。
>
> ②上界线和下界线是距离中位数 1.5 倍四分位差的线，高于上界线或者低于下界线的数据为异常值。

描述性统计是容易操作、直观简洁的数据分析手段。但是由于简单，对多元变量的关系难以描述。现实生活中，自变量通常是多元的：决定体重的不仅有身高，还有饮食习惯、肥胖基因等因素。通过一些高级的数据处理手段，我们可以对多元变量进行处理，例如，特征工程中，可以使用互信息方法来选择多个对因变量有较强相关性的自变量作为特征，还可以使用主成分分析法来消除一些冗余的自变量来降低运算复杂度。

7.5 应用实例

结合情报学、图书馆学的数据对以上学习的绘图知识进行应用。

图书情报例子的数据来源：http://ir.las.ac.cn/(中国科学院文献情报中心机构知识库中发文量排名前 20 的数据)：

	A	B	C
1	name	count	
2	张志强	350	
3	张晓林	274	
4	顾立平	211	
5	曲建升	193	
6	张智雄	179	
7	冷伏海	158	
8	方曙	157	
9	吴振新	140	
10	祝忠明	117	
11	初景利	105	
12	吴新年	96	
13	高峰	81	
14	马建霞	78	
15	孙坦	78	
16	汪凌勇	75	
17	张娴	70	
18	刘细文	69	
19	江洪	69	
20	李春旺	68	
21	王雪梅	66	

利用 Matplotlib 库中的 bar 图，可视化文献情报中心机构知识库中的作者发文量，具体操作细节如下：

```
#-*- coding: utf-8 -*-
import pandas as pd
import matplotlib.pyplot as plt
data =pd.read_excel( 'IR_data.xlsx',encoding='utf-8',sheetname='Sheet1' )
# 导入本地数据
# 制作成 list 格式数据，方便 matplotlib 使用
names = [name for name in data['name']]
counts = [int(count) for count in data['count']]

# 为了解决中文乱码问题（此处显示的是关键设置部分）
from matplotlib.font_manager import FontProperties
font = FontProperties(fname=r"c:\windows\fonts\simsun.ttc", size=14)
'''
需要说明的是，这里的 simsun.ttc 是 Windows 自带的
'''
# 绘制柱状图
size = len(names)
print size
# 第一个参数为柱的横坐标
# 第二个参数为柱的高度
# 参数 align 为柱的对齐方式，以第一个参数为参考标准
pyplot.bar(np.arange(size), counts, align='center' )

# 设置柱的文字说明
# 第一个参数为文字说明的横坐标
# 第二个参数为文字说明的内容
```

```
pyplot.xticks(np.arange(size), names, fontproperties=font)  #font

# 设置横坐标的文字说明
pyplot.xlabel(u' 作者 ', fontproperties=font) #font
# 设置纵坐标的文字说明
pyplot.ylabel(u' 发文量 ', fontproperties=font) #font
# 设置标题
pyplot.title(u' 作者发文量统计图 ', fontproperties=font) #font
# 绘图
pyplot.show()

#output
```

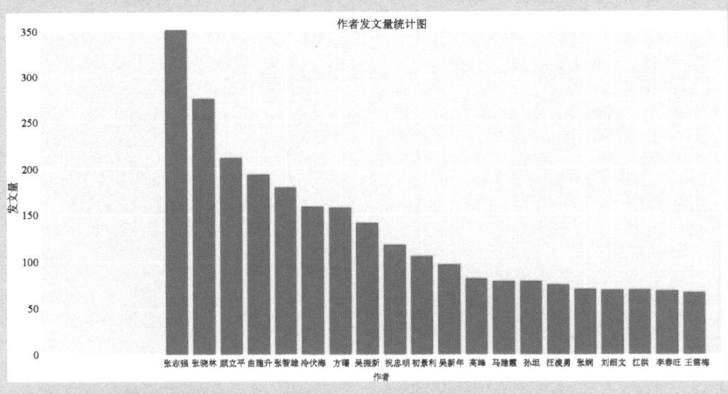

说明：该统计图的截止日期是：2016-06-24，12:44。

>>>>>> 第 8 章

Python 数据挖掘

Python 之所以如此流行，原因在于它在数据分析和挖掘方面表现出的高性能，而前面我们所介绍的 Python 大都集中在各个子功能（如科学计算、矢量计算、可视化等），其目的在于引出最终的数据分析和数据挖掘功能，以便辅助我们的科学研究和应用问题的解决。

8.1 线性回归模型

回归是统计学中最有力的工具之一。而对回归研究的不断升温在于人们执着于对未知的预测。回归反映了系统的随机运动总是趋向于其整体运动规律的趋势。在数学上来说，就是根据系统的总体静态观测值，通过算法去除随机性的噪声，发现系统整体运动规律的过程。

回归分析中，只包括一个自变量和一个因变量，且二者的关系可用一条直线近似表示，这种回归分析称为一元线性回归分析。如果回归分析中包括两个或两个以上的自变量，且因变量和自变量之间是线性关系，则称为多元线性回归分析。

8.1.1 一元线性回归举例

研究某市城镇居民年人均可支配收入 X 与年人均消费性支出 Y 的关系。1980—1998 年样本观测值见表 8–1。

表 8-1　1980—1998 年某市城镇居民年人均可支配收入 X 与年人均消费性支出 Y 样本观测值

年份	X/ 元	Y/ 元
1980	526.9200	474.7200
1981	532.7200	479.9400
1982	566.8100	488.1000
1983	591.1800	509.5800
1984	699.9600	576.3500
1985	744.0600	654.7300
1986	851.2000	755.5600
1987	884.4000	798.6300
1988	847.2600	815.4000
1989	820.9900	718.3700
1990	884.2100	767.1600
1991	903.6600	759.4900
1992	984.0900	820.2500
1993	1035.260	849.7800
1994	1200.900	974.7000
1995	1289.770	1040.980
1996	1432.930	1099.270
1997	1538.970	1186.110
1998	1663.630	1252.530

可视化显示：

```
#-*-coding:utf-8-*-
#regression data
```

```
import pandas as pd
import matplotlib.pyplot as plt
from sklearn import linear_model

# 获取数据
defgetData(filename):
    data = pd.read_excel(filename,encoding='utf-8' )
    x = zip(data['X'])
# 需要 zip 操作把它转化为列表 list, 因为 data['X'] 是 Series
    y = zip(data['Y'])
    return x,y
x,y=getData( 'D:\\Tovi\\python_application\\PracticeCodes\\_kuliping\\
regression data.xlsx' )

# 查看数据长什么样
plt.scatter(x,y,*" )
plt.show()
#output
```

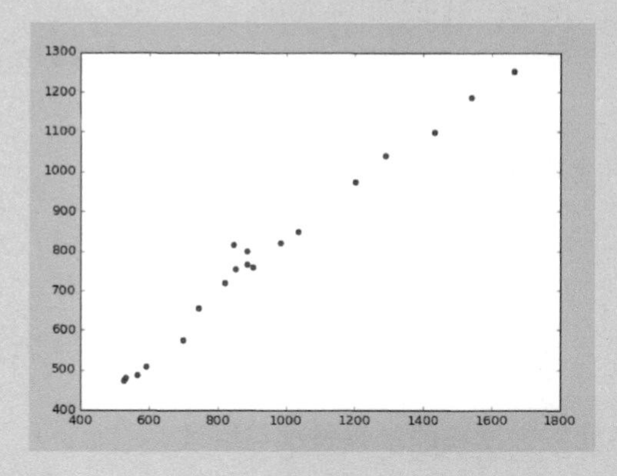

```
# 线性拟合 http://python.jobbole.com/81215/

# Function to show the resutls of linear fit model
defshow_linear_line(X_parameters,Y_parameters):
    # Create linear regression object
regr = linear_model.LinearRegression() # 引入线性模型
regr.fit(X_parameters, Y_parameters)  # 拟合数据
plt.scatter(X_parameters,Y_parameters,color='blue',linewidth=5)
plt.plot(X_parameters,regr.predict(X_parameters),color='red',linewidth=2)
plt.xticks(())
plt.yticks(())
plt.show()
# 调用 show_linear_line
show_linear_line(x,y)
#output
```

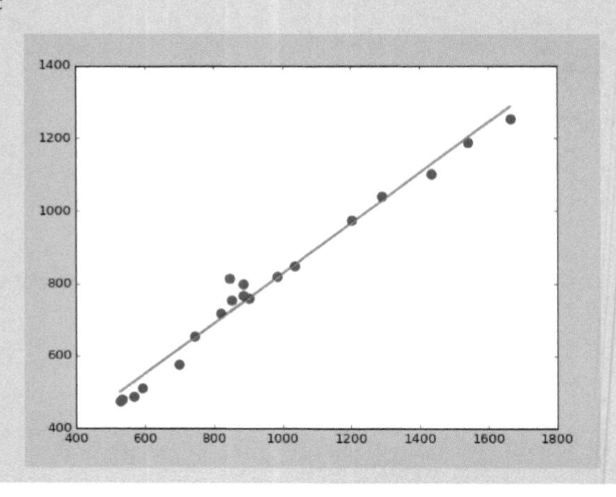

8.1.2 多元线性回归的结果呈现与解读

介绍了一元回归模型后，我们来了解多元回归，我们通过一

个案例来理解多元回归，并对其结果进行解读。

当 y 值的影响因素不唯一时，采用多元线性回归模型：

$$y=\beta_0+\beta_1x_1+\beta_2x_2+\cdots+\beta_nx_n。\quad (8-1)$$

例如，商品的销售额可能与电视广告投入、收音机广告投入、报纸广告投入有关系，可以有 Sales $=\beta_0+\beta_1*$TV$+\beta_2*$Radio$+\beta_3*$Newspaper。

数据来源：http://www-bcf.usc.edu/~gareth/ISL/Advertising.csv。

（1）获取数据

```
# 使用 pandas 获取数据
#-*-coding:utf-8-*-
# 多元线性回归模型
# 获取数据
import pandas as pd
ad_data = pd.read_csv( 'D:\\Tovi\\python_application\\PracticeCodes\\_
kuliping\\Advertising.csv',index_col=[0], encoding='utf-8' )
printad_data
#output
# 只显示了前 5 行数据，数据总共有 200 行
```

	TV	Radio	Newspaper	Sales
1	230.1	37.8	69.2	22.1
2	44.5	39.3	45.1	10.4
3	17.2	45.9	69.3	9.3
4	151.5	41.3	58.5	18.5
5	180.8	10.8	58.4	12.9

（2）分析数据

特征：

① TV：对于一个给定市场中的单一产品，用于电视上的广告费用（以千为单位）。

② Radio：在广播媒体上投入的广告费用。

③ Newspaper：用于报纸媒体的广告费用。

响应：

Sales：对应产品的销量

在这个案例中，我们通过不同的广告投入，预测产品销量。因为响应变量是一个连续的值，所以这个问题是一个回归问题。数据集一共有 200 个观测值，每一组观测对应一个市场的情况。

可视化数据：

```
#-*-coding:utf-8-*-

# 可视化数据使用 scatter
import seaborn as sns # 显示效果更优化
import matplotlib.pyplot as plt
sns.pairplot(ad_data, x_vars=['TV','Radio','Newspaper'], y_vars='Sales',
size=7, aspect=0.8)
plt.show()# 注意必须加上这一句，否则无法显示。
#output
# 这里选择 TV、Radio、Newspaper 作为特征，Sales 作为观测值
```

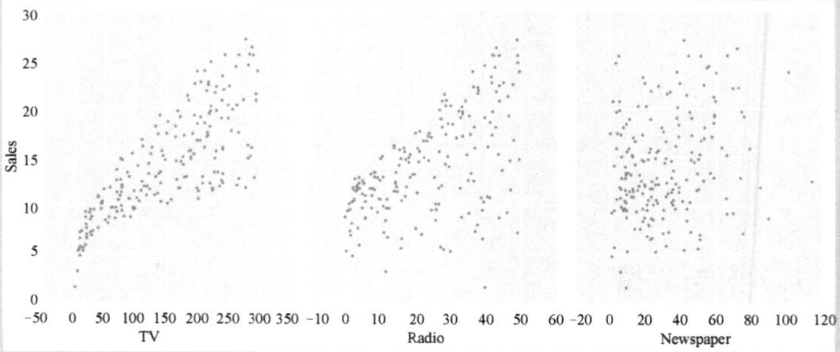

（3）线性回归拟合

```
#-*-coding:utf-8-*-
import seaborn as sns
# 进行线性回归拟合（通过 sns 方式实现）
'''
kind : {'scatter', 'reg'}, optional
# Kind of plot for the non-identity relationships.
#https://stanford.edu/~mwaskom/software/seaborn/generated/seaborn.pairplot.html#
'''
sns.pairplot(ad_data, x_vars=['TV','Radio','Newspaper'], y_vars='Sales', size=7, aspect=0.8, kind='reg' ) #kind='reg' 线性拟合
plt.show()
#output
```

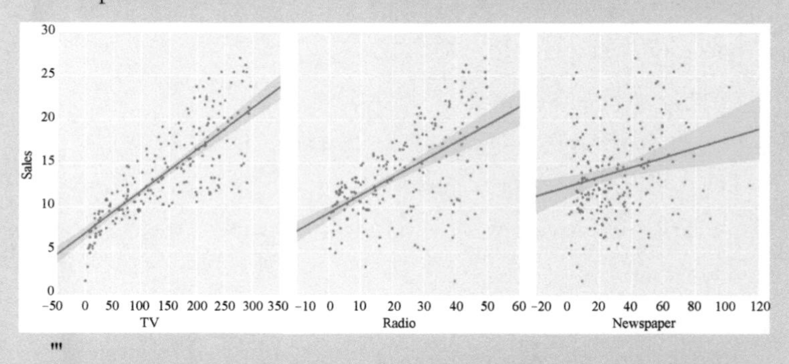

'''

（通过 sklearn 方式实现）

scikit-learn 要求 X 是一个特征矩阵，y 是一个 NumPy 向量。pandas 构建在 NumPy 之上。因此，X 可以是 pandas 的 DataFrame，y 可以是 pandas 的 Series，scikit-learn 可以理解这种结构。

```
'''
# sklearn 方式实现
from sklearn.linear_model import LinearRegression
from sklearn.cross_validation import train_test_split # 这里是引用了交叉验证
X = ad_data[['TV', 'Radio', 'Newspaper']]
Y = ad_data.Sales
# 构造训练集和测试集
#default split is 75% for training and 25% for testing
X_train,X_test, y_train, y_test = train_test_split(X, Y, random_state=1)

linear_reg = LinearRegression()
model=linear_reg.fit(X_train, y_train)
print model # 模型
print linear_reg.intercept_ # 截距
print linear_reg.coef_ # 联合系数
feature_cols = ['TV', 'Radio', 'Newspaper']
print zip(feature_cols, linear_reg.coef_)# 整合输出联合系数
#output
LinearRegression(copy_X=True, fit_intercept=True, n_jobs=1, normalize=False)
2.87696662232
[ 0.04656457  0.17915812  0.00345046]
[( 'TV', 0.046564567874150281),
 ( 'Radio', 0.17915812245088836),
 ( 'Newspaper', 0.0034504647111804347)]
```

（4）结果解读

y=2.878+0.0466*TV+0.180*Radio-0.00345*Newspaper。如何解释各个特征对应的系数的意义？

对于给定了 Radio 和 Newspaper 的广告投入，如果在 TV 广告上每多投入 1 个单位，对应销量将增加 0.0466 个单位。就是假如其他两个媒体投入固定，在 TV 广告上每增加 1000 美元（因为单位是 1000 美元），销量将增加 46.6 个。注意，因为这里的 Newspaper 的系数是负数，所以我们可以考虑不使用 Newspaper 这个特征。

（5）预测

```
#-*-coding:utf-8-*-

y_pred = linear_reg.predict(X_test)
print y_pred
#output
[ 21.70910292  16.41055243   7.60955058  17.80769552  18.6146359
  23.83573998  16.32488681  13.43225536   9.17173403  17.333853
  14.44479482   9.83511973  17.18797614  16.73086831  15.05529391
  15.61434433  12.42541574  17.17716376  11.08827566  18.00537501
   9.28438889  12.98458458   8.79950614  10.42382499  11.3846456
  14.98082512   9.78853268  19.39643187  18.18099936  17.12807566
  21.54670213  14.69809481  16.24641438  12.32114579  19.92422501
  15.32498602  13.88726522  10.03162255  20.93105915   7.44936831
   3.64695761   7.22020178   5.9962782   18.43381853   8.39408045
  14.08371047  15.02195699  20.35836418  20.57036347  19.6063667]

#predict visualization
# 制作 ROC 曲线通过可视化显示预测结果
```

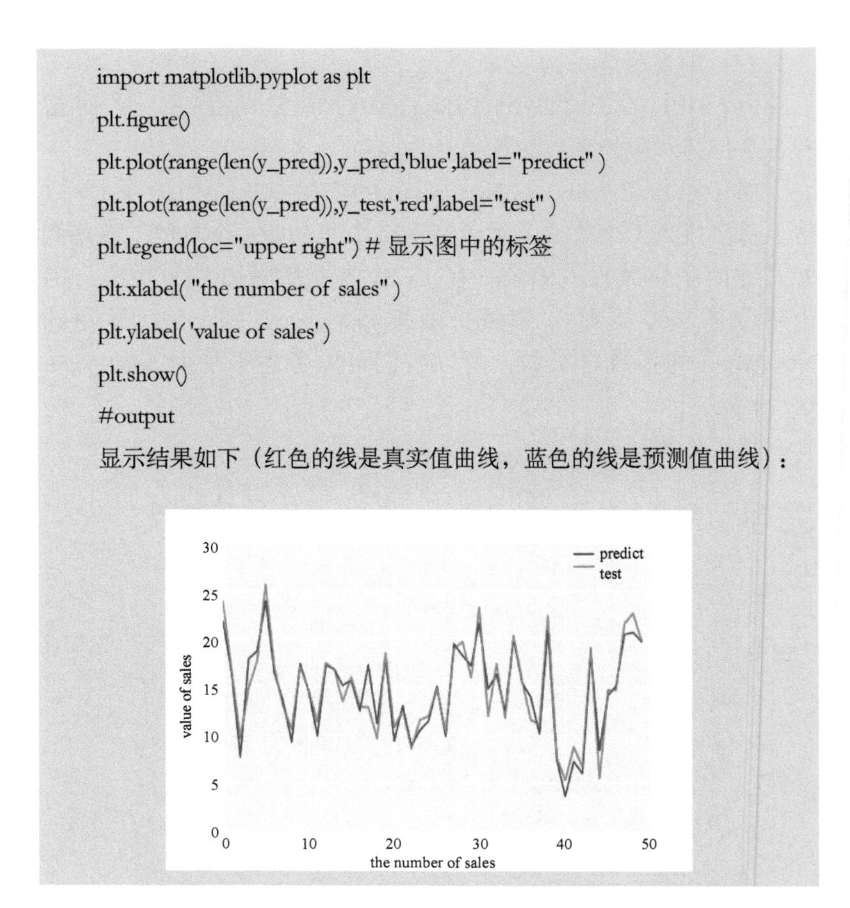

```
import matplotlib.pyplot as plt
plt.figure()
plt.plot(range(len(y_pred)),y_pred,'blue',label="predict" )
plt.plot(range(len(y_pred)),y_test,'red',label="test" )
plt.legend(loc="upper right") # 显示图中的标签
plt.xlabel( "the number of sales" )
plt.ylabel( 'value of sales' )
plt.show()
#output
```

显示结果如下（红色的线是真实值曲线，蓝色的线是预测值曲线）：

8.2 最优化方法——梯度下降法

一元线性回归：

$$h_\theta(x)=\theta_0+\theta_1 x。\tag{8-2}$$

多元线性回归：

$$h_\theta(x)=\theta_0+\theta_1 x_1+\theta_2 x_2。\tag{8-3}$$

无论是一元线性方程还是多元线性方程，可统一写成如下的格式：

$$h(x)=\sum_{i=0}^{n}\theta_i x_i=\theta^{\mathrm{T}}X。\tag{8-4}$$

式（8–4）中，$x_0=1$，而求线性方程则演变成了求方程的参数 θ^{T}。

线性回归假设特征和结果满足线性关系。其实线性关系的表达能力非常强大，每个特征对结果的影响强弱可以由前面的参数体现，而且每个特征变量可以首先映射到一个函数，然后再参与线性计算，这样就可以表达特征与结果之间的非线性关系。

为了得到目标线性方程，我们只需确定式（8–4）中的 θ^{T}，同时为了确定所选定的 θ^{T} 效果好坏，通常情况下，我们使用一个损失函数（loss function）或者说是错误函数（error function）来评估 $h(x)$ 函数的好坏，该错误函数如式（8–5）所示：

$$J(\theta)=\frac{1}{2}\sum_{i=1}^{m}(h_\theta(x^i)-y^i)^2\ 。\tag{8-5}$$

如何调整 θ^{T} 以使得 $J(\theta)$ 取得最小值有很多方法，如完全用数学描述的最小二乘法 (min square) 和梯度下降法。

由之前所述，求 θ^{T} 的问题演变成了求 $J(\theta)$ 的极小值问题，这里使用梯度下降法。而梯度下降法中的梯度方向由 $J(\theta)$ 对 θ 的偏导数确定，由于求的是极小值，因此梯度方向是偏导数的反方向：

$$\theta_j=\theta_j-\alpha\frac{\partial}{\partial\theta_j}J(\theta)。\tag{8-6}$$

式（8–6）中 α 为学习速率，当 α 过大时，有可能越过最小值，而当 α 过小时，容易造成迭代次数较多，收敛速度较慢。所以公式（8–6）中 $\frac{\partial}{\partial\theta_j}J(\theta)$ 可表示为：

$$\frac{\partial}{\partial\theta_j}J(\theta)=\frac{\partial}{\partial\theta_j}\frac{1}{2}\left(h_\theta(x)-y\right)^2$$

$$=2\cdot\frac{1}{2}\left(h_\theta(x)-y\right)\cdot\frac{\partial}{\partial\theta_j}\left(h_\theta(x)-y\right)$$

$$=\left(h_\theta(x)-y\right)\cdot\frac{\partial}{\partial\theta_j}\left(\sum_{i=o}^{n}\theta_i x_i-y\right)$$

$$=\left(h_\theta(x)-y\right)x_j\ ,$$

所以式（8–6）就演变成：

$$\theta_j=\theta_j+\alpha\left(y^{(i)}-h_\theta\left(x^{(i)}\right)\right)x_j^{(i)}。\tag{8–7}$$

当样本数量 m 不为 1 时，将式（8–6）中$\frac{\partial}{\partial\theta_j}J(\theta)$由式（8–5）代入求偏导，那么每个参数沿梯度方向的变化值由式(8–7)求得。

$$\theta_j=\theta_j+\alpha\sum_{i=1}^{m}\left(y^{(i)}-h_\theta\left(x^{(i)}\right)\right)x_j^{(i)},\tag{8–8}$$

初始时 θ^{T} 可设为$\vec{0}$，然后迭代使用式（8–8）计算 θ^{T} 中的每个参数，直至收敛为止。由于每次迭代计算 θ^{T} 时，都使用了整个样本集，因此我们称该梯度下降算法为批量梯度下降法 (batch gradient descent)。

对于上述的线性回归模型 $h_\theta(x)$，我们需要求出 θ 来。可以想象，参数 θ 的取值有无数多种，那么我们应该怎样选取合适的参数 θ？ 直观去理解，我们希望估计出来的 $h_\theta(x)$ 与实际的 Y 值尽量靠近，因此我们可以定义一个损失函数$J(\theta)=\frac{1}{2m}\sum_{i=1}^{m}(h_\theta(x^{(i)})-y^{(i)})^2$，$m$ 为样本量。当然，损失函数可以有很多种定义方法，这种损失函数是最为经典的，由此得到的线性回归模型称为普通最小二乘回归模型（OLS）。

我们已经定义好了损失函数 $J(\theta)$，接下来的任务就是求出参

数 θ。我们的目标很明确，就是找到一组 θ，使得损失函数 $J(\theta)$ 最小。最常用的求解方法有两种：批量梯度下降法 (batch gradient descent)、正规方程法 (normal equations)。

前者是一种通过迭代求得的数值解，后者是一种通过公式计算一步到位求得的解析解。在特征个数不太多的情况下，后者的速度较快，一旦特征的个数成千上万的时候，前者的速度较快。另外，先对特征进行标准化可以加快求解速度。

批量梯度下降法：

$$\theta_j=\theta_j-\alpha\frac{\partial}{\partial\theta_j}J(\theta),$$

其中，$j=0，1，\cdots，n$；α 为学习速率；$\frac{\partial}{\partial\theta_j}J(\theta)$ 为 J 的偏导数，不断同时更新 θ_j 直到收敛。

正规方程法：

$$\theta=(X^{\mathrm{T}}X)^{-1}X^{\mathrm{T}}Y。$$

```
# -*- coding: utf-8 -*-
'''
最优化方法损失函数 J(θ) 梯度下降法
'''
import numpy as np
import pandas as pd
from numpy.linalg import inv
from numpy import dot


iris = pd.read_csv( 'iris.csv' )
# 拟合线性模型：Sepal.Length ~ Sepal.Width + Petal.Length + Petal.
Width
```

```
# 正规方程法   theta = (X'X)^(-1)X'Y
temp = iris.iloc[:, 1:4]
temp['x0'] = 1
X = temp.iloc[:,[3,0,1,2]]
Y = iris.iloc[:, 0]
Y = Y.reshape(len(iris), 1)
theta_n = dot(dot(inv(dot(X.T, X)), X.T), Y) # theta = (X'X)^(-1)X'Y
print 'theta_n:\n',theta_n

# 批量梯度下降法  theta j = theta j + alpha*(yi - h(xi))*xi
theta_g = np.array([1., 1., 1., 1.]) # 初始化 theta
theta_g = theta_g.reshape(4, 1)
alpha = 0.1
temp = theta_g
X0 = X.iloc[:, 0].reshape(150, 1)
X1 = X.iloc[:, 1].reshape(150, 1)
X2 = X.iloc[:, 2].reshape(150, 1)
X3 = X.iloc[:, 3].reshape(150, 1)
J = pd.Series(np.arange(800, dtype = float))
for i in range(800):
# theta j = theta j + alpha*(yi - h(xi))*xi
    temp[0] = theta_g[0] + alpha*np.sum((Y- dot(X, theta_g))*X0)/150.
    temp[1] = theta_g[1] + alpha*np.sum((Y- dot(X, theta_g))*X1)/150.
    temp[2] = theta_g[2] + alpha*np.sum((Y- dot(X, theta_g))*X2)/150.
    temp[3] = theta_g[3] + alpha*np.sum((Y- dot(X, theta_g))*X3)/150.
    J[i] = 0.5*np.sum((Y - dot(X, theta_g))**2) # 计算损失函数值
    theta_g = temp # 更新 theta
```

```
print 'theta_g:\n',theta_g
print J.plot(ylim = [0, 50])plt.show()
#output
theta_n:
[[ 37.42208866]
 [-14.83721313]
 [  5.88826676]
 [ 28.41253303]]
theta_g:
[[ 16.93870282]
 [-12.08444791]
 [  8.11055437]
 [ 27.72966474]]
Axes(0.125,0.1;0.775*0.8)
```

8.3　参数估计与假设检验

统计学方法包括统计描述和统计推断两种方法，其中，统计推断又包括参数估计和假设检验。

8.3.1　参数估计

参数估计就是用样本统计量去估计总体的参数的真值，它的方法有点估计和区间估计两种。

（1）点估计

点估计就是直接以样本统计量作为相应总体参数的估计值。点估计的缺陷是没办法给出估计的可靠性，也没办法说出点估计值与总体参数真实值接近的程度。

（2）区间估计

区间估计是在点估计的基础上给出总体参数估计的一个估计

区间，该区间是由样本统计量加减允许误差（极限误差）得到的。在区间估计中，由样本统计量构造出的总体参数在一定置信水平下的估计区间称为置信区间。

需要说明的是：在其他条件相同的情况下，区间估计中置信度越高，置信区间越大。置信水平为 $1-\alpha$，α（显著性水平）为小概率事件或者不可能事件，常用的置信水平值为 99%、95%、90%，对应的 α 为 0.01，0.05，0.1。置信区间是一个随机区间，它会因样本的不同而变化，而且不是所有的区间都包含总体参数。

一个总体参数的区间估计需要考虑总体是否为正态分布、总体方差是否已知、用于估计的样本是大样本还是小样本等，具体如下。

①来自正态分布的样本均值，总体方差已知，不论抽取的是大样本还是小样本，均服从正态分布。

②总体不是正态分布，总体方差已知或未知，大样本的样本均值服从正态分布，小样本的不能进行参数估计。

③来自正态分布的样本均值，如果总体方差未知，原则上都按 t 分布来处理（但是样本较大时，可近似按正态分布处理）。

8.3.2 假设检验

假设检验是根据样本统计量来检验对总体参数的先验假设是否成立，是统计推断的另一项重要内容，它与参数估计类似，但角度不同，参数估计是利用样本信息推断未知的总体参数，而假设检验则是先对总体参数提出一个假设值，然后利用样本信息判断这一假设是否成立。

假设检验的基本思想：先提出假设，然后根据资料的特点，计算相应的统计量，来判断假设是否成立，如果成立的可能性是一个小概率的话，就拒绝该假设，因此称小概率的反证法。最重要的是看能否通过得到的概率去推翻原定的假设，而不是去证实它。

8.3.3 参数估计与假设检验之间的相同点、联系和区别

（1）相同点

①都是根据样本信息对总体的数量特征进行推断。

②都以抽样分布为理论依据，建立在概率论基础之上的统计推断，推断结果都有一定的可信程度或风险。

（2）联系

二者可相互转换，形成对偶性。对同一问题的参数进行推断，由于二者使用同一样本、同一统计量、同一分布，因而二者可以相互转换。区间估计问题可以转换成假设问题，假设问题也可以转换成区间估计问题。区间估计中的置信区间对应于假设检验中的接受区域，置信区间以外的区域就是假设检验中的拒绝域。

（3）区别

①参数估计是以样本资料估计总体参数的真值，假设检验是以样本资料检验对总体参数的先验假设是否成立。

②参数估计中的区间估计是求以样本统计量为中心的双侧置信区间，假设检验既有双侧检验，也有单侧检验。

③参数估计中的区间估计是以大概率为标准，通常以较大的把握程度（置信水平）$1-\alpha$ 去保证总体参数的置信区间。而假设检验是以小概率原理为标准，通常是给定很小的显著性水平 α 去检验对总体参数的先验假设是否成立或对总体分布形式的假设进行判断。

第 9 章

Django 与 Twisted

9.1 Django

Django 是一个高级的 Python Web 框架，该框架支持快速应用程序开发和清晰便捷的程序设计。它是由有经验的开发者开发的，主要解决网络应用中的诸多复杂问题，换句话说，我们只需关注制作自己的 APP 而不需要重新开发“轮子”，而且 Django 是免费开源的项目。它的官网：https://www.djangoproject.com/。

9.1.1 安装 Django

通过命令框方式安装 Django 到 Python 中（安装过程类似于安装 Numpy、Scipy），安装命令为 pip install Django（保证联网状态下执行有效）。

9.1.2 建立 Django 项目的准备工作

（1）命令

cmd—>cd E:\Works\guliping\—>django-admin startprojectmysite（图 9–1）。

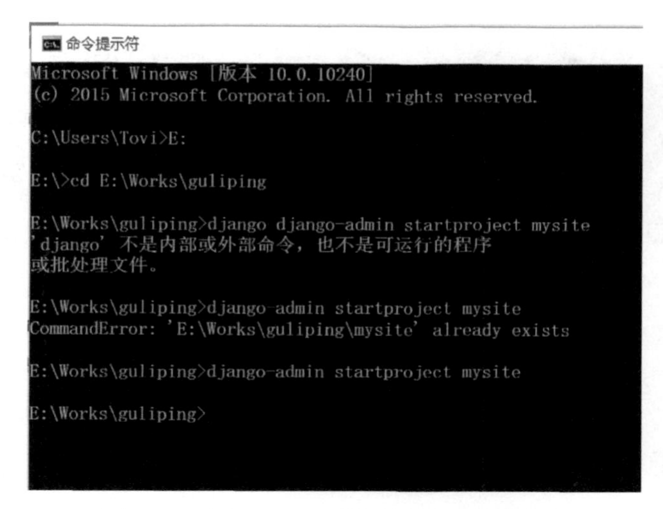

图 9–1 建立 Django 项目的准备工作的命令

（2）结果

项目的根目录如图 9–2 所示。

图 9–2 建立 Django 项目的准备工作的结果

9.1.3 设定 server 服务器

（1）命令

继续在刚才的黑框中输入：cd mysite（更改目录到 mysite 下），运行命令：python manage.py runserver。

（2）结果

结果如图 9–3 所示。

```
E:\Works\guliping\mysite>python manage.py runserver
Performing system checks...

System check identified no issues (0 silenced).

You have unapplied migrations; your app may not work properly until they are applied.
Run 'python manage.py migrate' to apply them.
July 03, 2016 - 10:28:39
Django version 1.9.7, using settings 'mysite.settings'
Starting development server at http://127.0.0.1:8000/
Quit the server with CTRL-BREAK.
```

图 9–3 设定 server 服务器的结果

（3）结果简析

可以忽略这些提示信息，接下来做的工作是打开浏览器输入 http://127.0.0.1:8000/，你将会看到一个写着“Welcome to Django”的页面，表示我们的服务器已经建立。具体如图 9–4 所示。

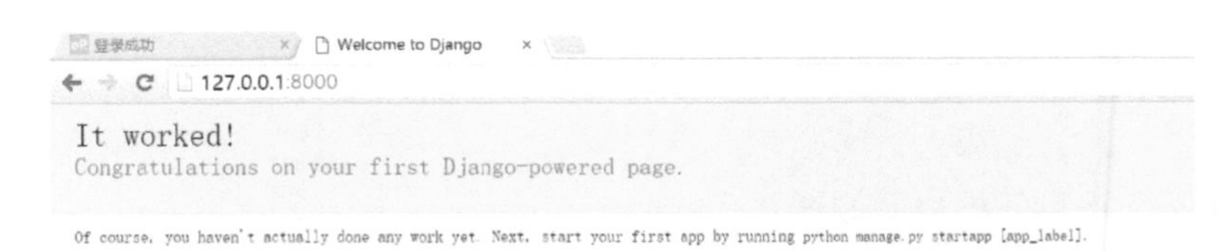

图 9–4 结果简析

9.1.4 建立第一个项目

（1）命令

在 E:\Works\guliping\mysite 路径下执行 cmd 命令：

python manage.py startapp polls。

（2）结果

结果如图 9–5 所示。

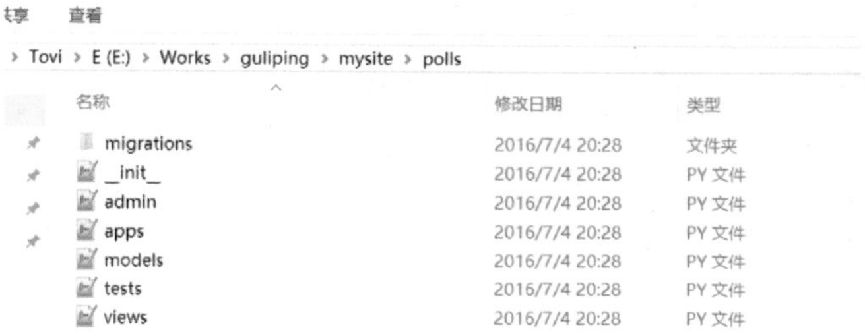

共享 查看

› Tovi › E (E:) › Works › guliping › mysite › polls

名称	修改日期	类型
migrations	2016/7/4 20:28	文件夹
init	2016/7/4 20:28	PY 文件
admin	2016/7/4 20:28	PY 文件
apps	2016/7/4 20:28	PY 文件
models	2016/7/4 20:28	PY 文件
tests	2016/7/4 20:28	PY 文件
views	2016/7/4 20:28	PY 文件

图 9–5 建立第一个项目的结果

9.2 Twisted

Twisted 是一个由 Python 编写的事件驱动的网络引擎，并在开源 MIT 许可授权。Twisted 不仅可以运行在 Python 2 上，且支持不断的更新，同时也支持在 Python 3 上运行。

Twisted 是用于开发互联网应用的平台。它是纯 Python 框架或库。作为一个平台，Twisted 更侧重于整合。理想情况下，所有的功能都将通过先前制定协议的方式进行访问。

9.2.1 安装 Twisted

（1）命令

安装命令为 pip install Twisted。

（2）结果

结果如图 9–6 所示。

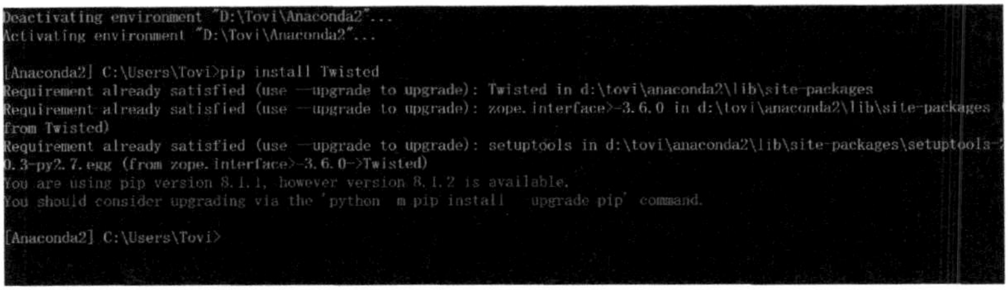

```
Deactivating environment "D:\Tovi\Anaconda2"...
Activating environment "D:\Tovi\Anaconda2"...

[Anaconda2] C:\Users\Tovi>pip install Twisted
Requirement already satisfied (use --upgrade to upgrade): Twisted in d:\tovi\anaconda2\lib\site-packages
Requirement already satisfied (use --upgrade to upgrade): zope.interface>=3.6.0 in d:\tovi\anaconda2\lib\site-packages (
from Twisted)
Requirement already satisfied (use --upgrade to upgrade): setuptools in d:\tovi\anaconda2\lib\site-packages\setuptools-2
0.3-py2.7.egg (from zope.interface>=3.6.0->Twisted)
You are using pip version 8.1.1, however version 8.1.2 is available.
You should consider upgrading via the 'python -m pip install --upgrade pip' command.

[Anaconda2] C:\Users\Tovi>
```

图 9–6　安装 Twisted 的结果

9.2.2　建立 Twisted 服务器

（1）命令

在浏览器中输入 http://localhost:8880/form 查看效果。

```
''' 建立 Twisted 网页服务器，通过 GET&POST 的方式进行 HTTP 访问 '''


# 导入相关的包
from twisted.web.server import Site
from twisted.web.resource import Resource
from twisted.internet import reactor
import cgi


# 建立 FormPage 类，该类主要提供 Get 和 Post 方法
# 也可以理解为是通过事件驱动的方式进行相应事件的处理
class FormPage(Resource):
    # 针对 GET 方法返回一个静态的 HTML 页面
def render_GET(self, request):
        print 'return a html page, use GET way'
        return '<html><body><form method="POST">input to this text:<input
name="form_name" type="text" /></form></body></html>'
```

```
    ''' 针对 POST 方法返回 request.args 对象中包含 request 的内容（或者可以理解为从 application/x-www-form-urlencoded or multipart/form-data 中拿到用户输入的内容）'''
    def render_POST(self, request):
        print 'get what the user input from POST way'
        return '<html><body>You submitted: %s</body></html>' % (cgi.escape(request.args["form_name"][0]),)

    # 配置 localhost 网址和 8880 的端口
    root = Resource()
    root.putChild( "form", FormPage())
    factory = Site(root)
    #reactor 是 twisted 事件循环的核心，它提供了一些服务的基本接口，像网络通信、线程和事件的分发。
    reactor.listenTCP(8880, factory)
    reactor.run()
```

（2）网页输入 http://localhost:8880/form 的结果

结果如图 9-7 所示。

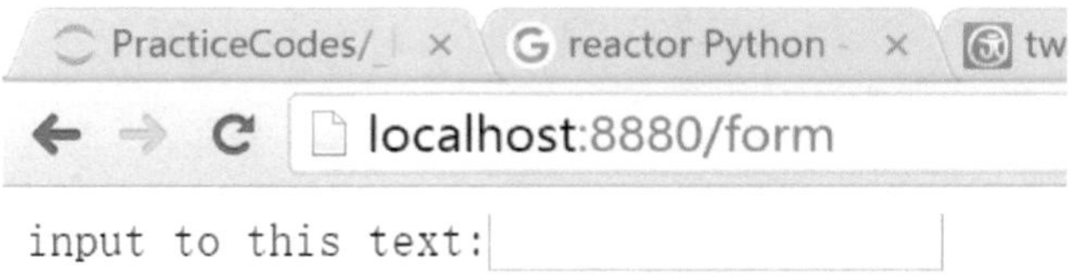

图 9-7　网页输入 http://localhost:8880/form 的结果

服务器端的显示如图 9-8 所示。

```
   ...:
   ...: class FormPage(Resource):
   ...:     def render_GET(self, request):
   ...:         print 'return a html page, use GET way'
   ...:         return '<html><body><form method="POST">input to this t
   ...:
   ...:     def render_POST(self, request):
   ...:         print 'get what the user input from POST way'
   ...:         return '<html><body>You submitted: %s</body></html>' %
   ...:
   ...: root = Resource()
   ...: root.putChild("form", FormPage())
   ...: factory = Site(root)
   ...: reactor.listenTCP(8880, factory)
   ...: reactor.run()
   ...:
return a html page, use GET way
```

图 9–8　服务器端的显示

（3）文本框输入“文献情报中心”按“Enter”键得到的结果结果如图 9–9 所示。

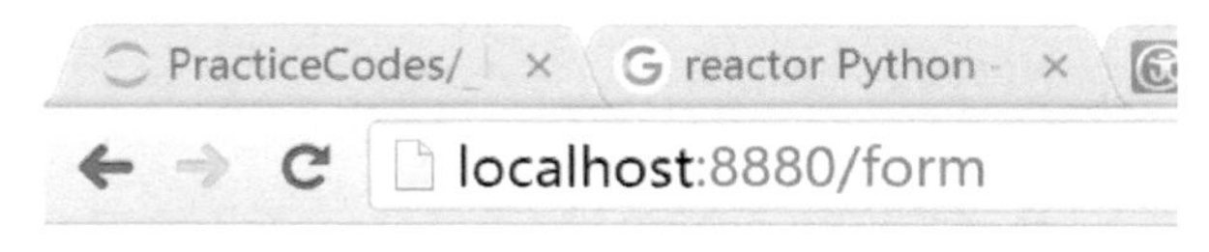

图 9–9　文本框输入“文献情报中心”按“Enter”键得到的结果

服务器端的显示如图 9–10 所示。

```
   ...:
   ...: class FormPage(Resource):
   ...:     def render_GET(self, request):
   ...:         print 'return a html page, use GET way'
   ...:         return '<html><body><form method="POST">input to this
   ...:
   ...:     def render_POST(self, request):
   ...:         print 'get what the user input from POST way'
   ...:         return '<html><body>You submitted: %s</body></html>' %
   ...:
   ...: root = Resource()
   ...: root.putChild("form", FormPage())
   ...: factory = Site(root)
   ...: reactor.listenTCP(8880, factory)
   ...: reactor.run()
   ...:
return a html page, use GET way
get what the user input from POST way
```

图 9–10　服务器端的显示

9.2.3　Twisted 其他应用

这组示例包含 twisted.web 的部分及完整的应用程序，对于本书未涉及的主题，请参阅 Twisted Web 教程和 API 文档。

- Serving static content from a directory
- Generating a page dynamically
- Static URL dispatch
- Dynamic URL dispatch
- Error handling
- Custom response codes
- Handling POSTs
- Other request bodies
- rpy scripts (or, how to save yourself some typing)
- Asynchronous responses
- Asynchronous responses (via Deferred)
- Interrupted responses
- Logging errors
- Access logging
- WSGIs
- HTTP authentication
- Session basics
- Storing objects in the session
- Session endings

9.3　总结

对比 Django 与 Twisted，我们发现 Django 类似于 Tomcat，它提供的是一个虚拟的服务器，但 Django 的配置要比 Tomcat 相对来说简单，可控性比较高；而 Twisted 是建立在服务端的事件驱动机制，它背靠服务器 Server，提供基于 http 协议的驱动处理，无论从访问方式还是链接的控制方面，Twisted 都有很好的互动机制。

如果只强调二者的区别，其作用大打折扣，更多的时候我们应该考虑如何将二者结合使用，发挥功效，既能有高效的服务器（Django），也能有 Twisted 互动处理。

>>>>>> 附录

安装 Python 及其基本操作

一、安装 Python 软件

（1）安装（Notepad 软件，比较好用的 IED 编辑平台，为了保护眼睛，你可以修改它的保护色）

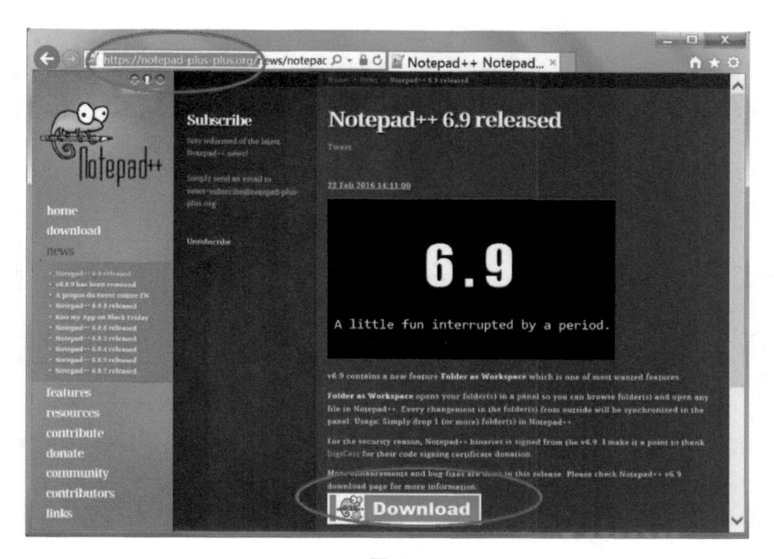

图 1

（2）找到开始，输入 powershell

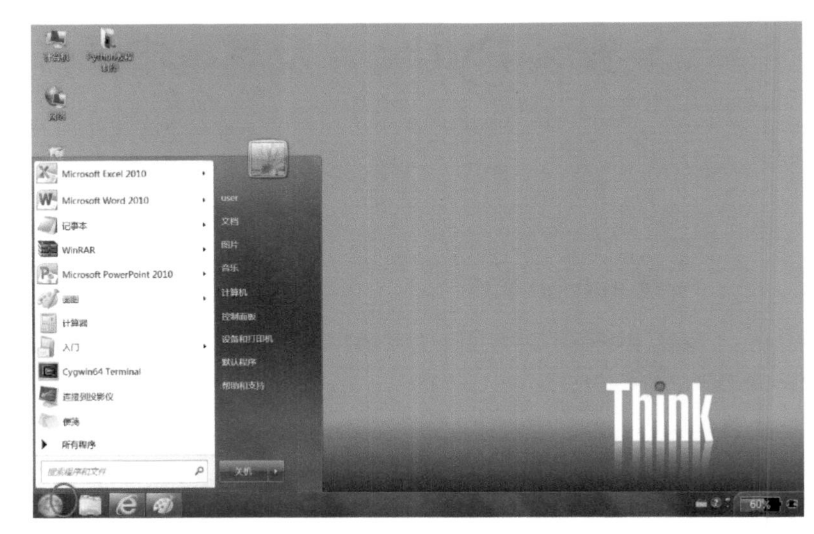

图 2

输入 powershell：

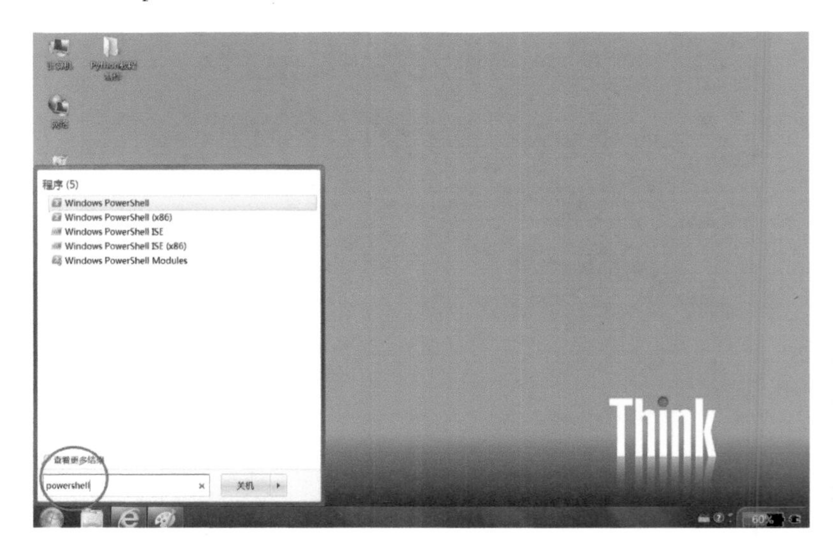

图 3

（3）输入 python

图 4

（4）输入 python 后的提示 （发现没有 Python）

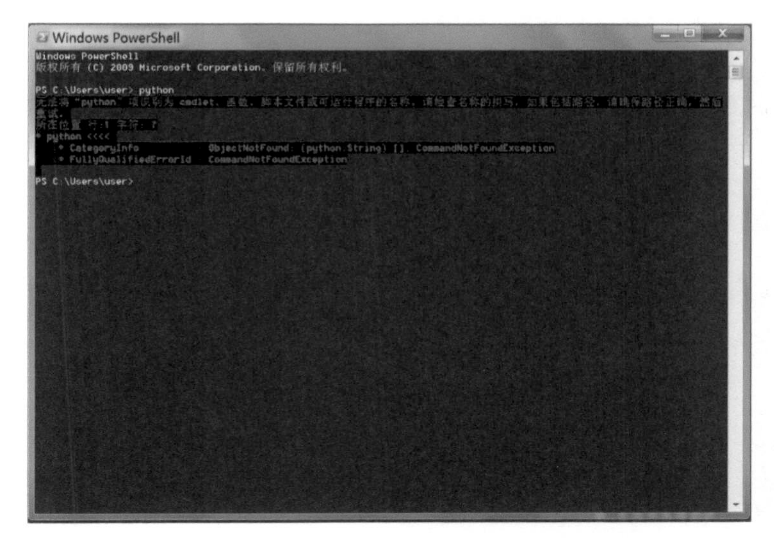

图 5

（5）安装 Python 2.7.11

图 6

按默认安装，点击 Next：

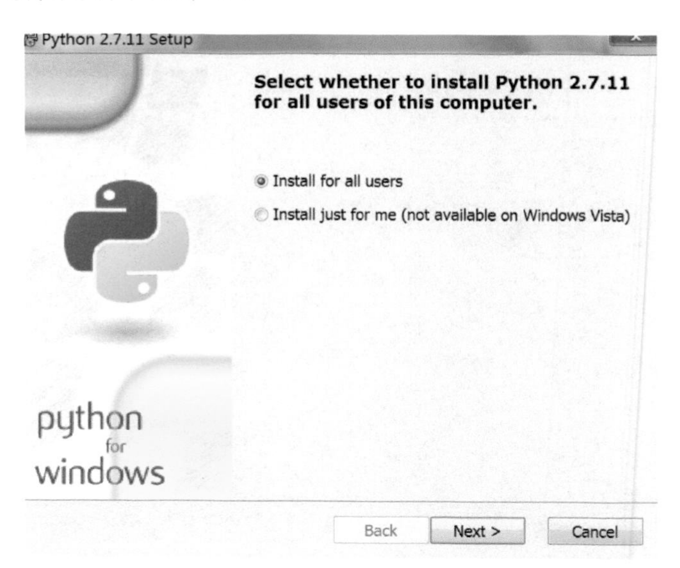

图 7

（6）选择安装目录（C:\Python27\）

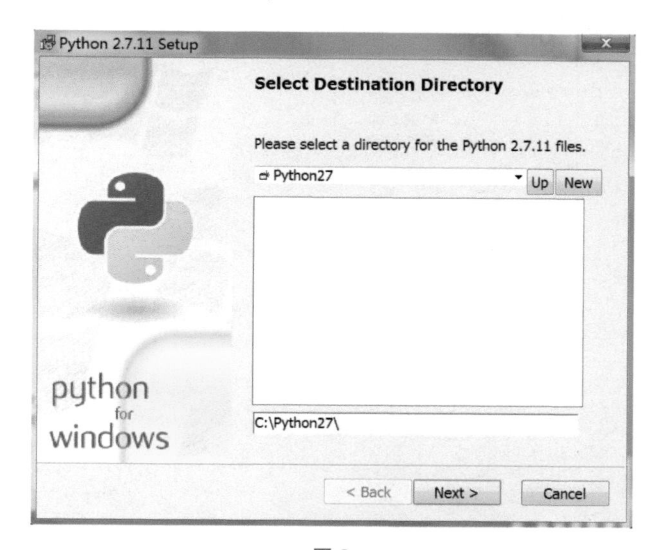

图 8

按默认安装，点击 Next：

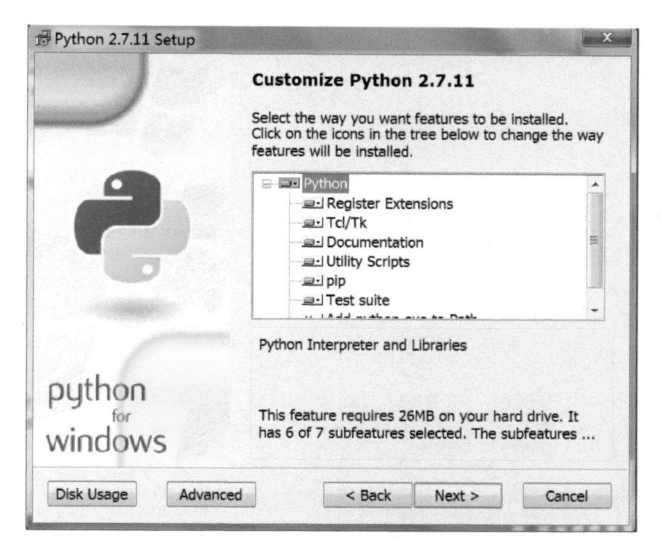

图 9

(7) 显示安装中

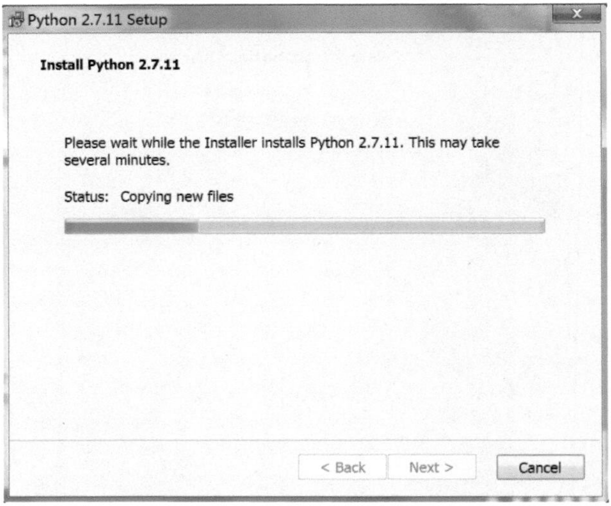

Python 2.7.11 Setup
Install Python 2.7.11
Please wait while the Installer installs Python 2.7.11. This may take several minutes.
Status: Copying new files
< Back
Next >
Cancel

图 10

(8) 安装结束，点击 Finish

Python 2.7.11 Setup
Complete the Python 2.7.11 Installer
Special Windows thanks to:
Mark Hammond, without whose years of freely shared Windows expertise, Python for Windows would still be Python for DOS.
Click the Finish button to exit the Installer.
python for windows
< Back
Finish
Cancel

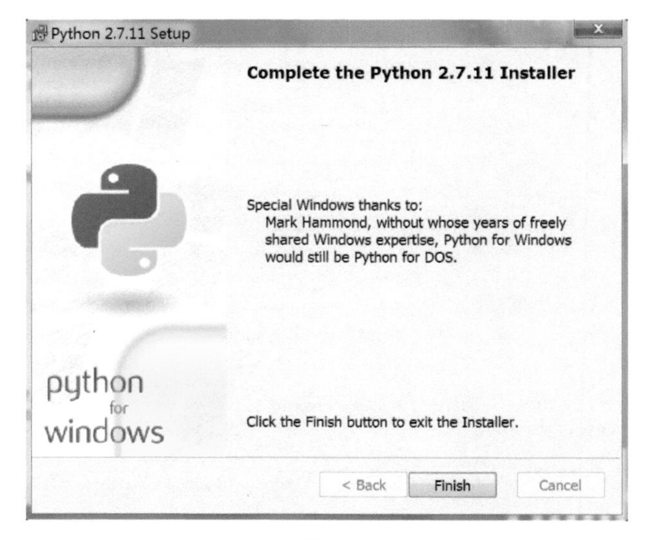

图 11

（9）通过 PowerShell 设置 Python 的路径，修改环境变量 Environment

```
Windows PowerShell
Windows PowerShell
版权所有 (C) 2009 Microsoft Corporation。保留所有权利。

PS C:\Users\user> python
无法将"python"项识别为 cmdlet、函数、脚本文件或可运行程序的名称。请检查名称的拼写，如果包括路径，请确保路径正确，然后重试。
所在位置 行:1 字符: 7
+ python <<<<
    + CategoryInfo          : ObjectNotFound: (python:String) [], CommandNotFoundException
    + FullyQualifiedErrorId : CommandNotFoundException

PS C:\Users\user> [Environment]::SetEnvironmentVariable("Path", "$env:Path;C:\Python27", "User")
PS C:\Users\user> _
```

图 12

（10）重启 PowerShell，输入 python

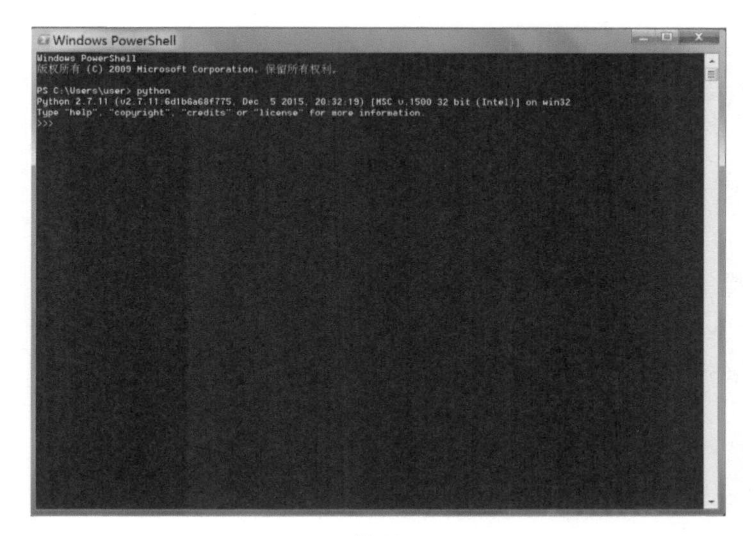

图 13

(11) 显示版本和授权信息

```
Windows PowerShell
Python 2.7.11 (v2.7.11:6d1b6a68f775, Dec  5 2015, 20:32:19) [MSC v.1500 32 bit (Intel)] on win32
Type "help", "copyright", "credits" or "license" for more information.
>>> copyright
Copyright (c) 2001-2015 Python Software Foundation.
All Rights Reserved.

Copyright (c) 2000 BeOpen.com.
All Rights Reserved.

Copyright (c) 1995-2001 Corporation for National Research Initiatives.
All Rights Reserved.

Copyright (c) 1991-1995 Stichting Mathematisch Centrum, Amsterdam.
All Rights Reserved.
>>> license
Type license() to see the full license text
>>> license()
A. HISTORY OF THE SOFTWARE
==========================

Python was created in the early 1990s by Guido van Rossum at Stichting
Mathematisch Centrum (CWI, see http://www.cwi.nl) in the Netherlands
as a successor of a language called ABC.  Guido remains Python's
principal author, although it includes many contributions from others.

In 1995, Guido continued his work on Python at the Corporation for
National Research Initiatives (CNRI, see http://www.cnri.reston.va.us)
in Reston, Virginia where he released several versions of the
software.

In May 2000, Guido and the Python core development team moved to
BeOpen.com to form the BeOpen PythonLabs team.  In October of the same
year, the PythonLabs team moved to Digital Creations (now Zope
Corporation, see http://www.zope.com).  In 2001, the Python Software
Foundation (PSF, see http://www.python.org/psf/) was formed, a
non-profit organization created specifically to own Python-related
Intellectual Property.  Zope Corporation is a sponsoring member of
the PSF.

All Python releases are Open Source (see http://www.opensource.org for
Hit Return for more, or q (and Return) to quit:
```

图 14

(12) 使用 exit 或者 Ctrl+C

```
Windows PowerShell
Windows PowerShell
版权所有 (C) 2009 Microsoft Corporation。保留所有权利。

PS C:\Users\user> python
Python 2.7.11 (v2.7.11:6d1b6a68f775, Dec  5 2015, 20:32:19) [MSC v.1500 32 bit (Intel)] on win32
Type "help", "copyright", "credits" or "license" for more information.
>>> exit
Use exit() or Ctrl-Z plus Return to exit
>>> ^Z
```

图 15

二、创建第一个 Python 程序

（1）建立路径 mkdir kuliping

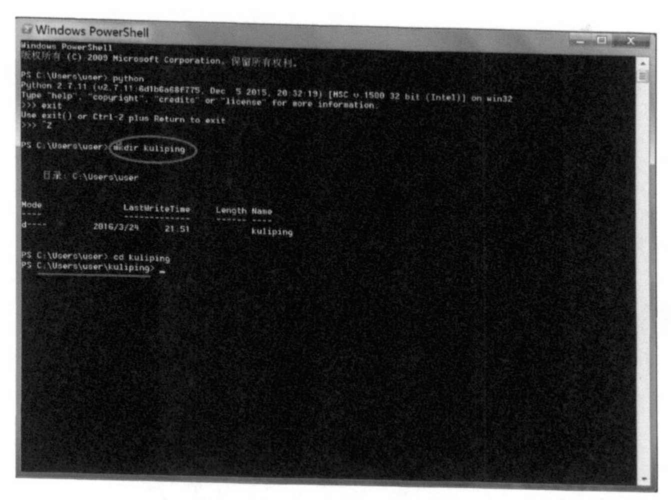

图 16

（2）使用 Notepad 编辑一份数据

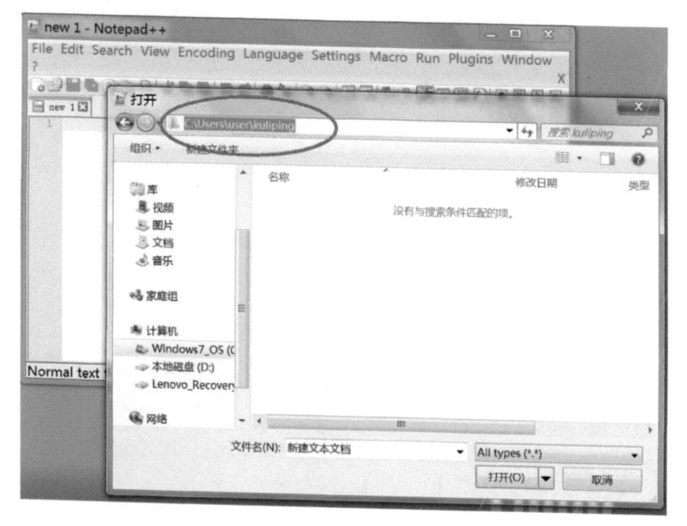

图 17

（3）点击鼠标右键，新建文本，使用 Notepad 打开

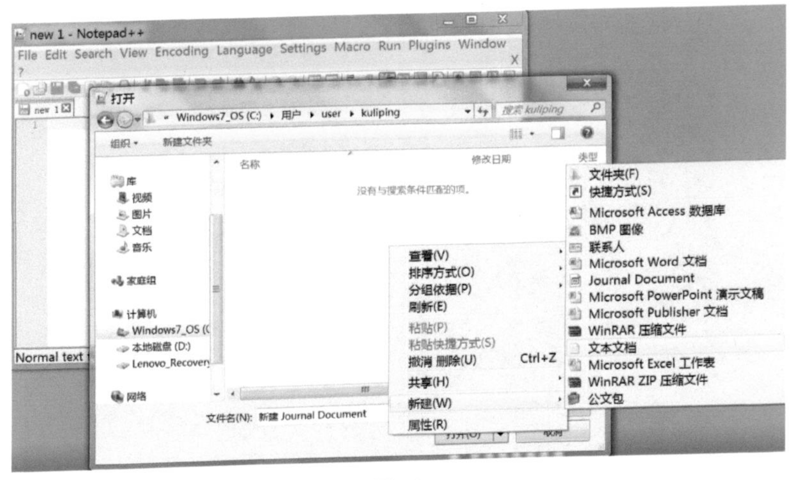

图 18

（4）使用 Notepad 打开，开始写入 Python 程序代码

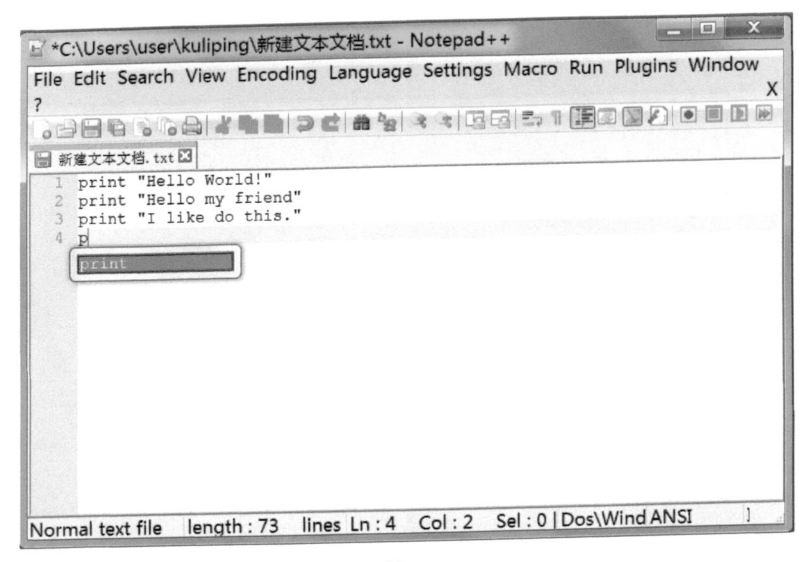

图 19

（5）保存代码

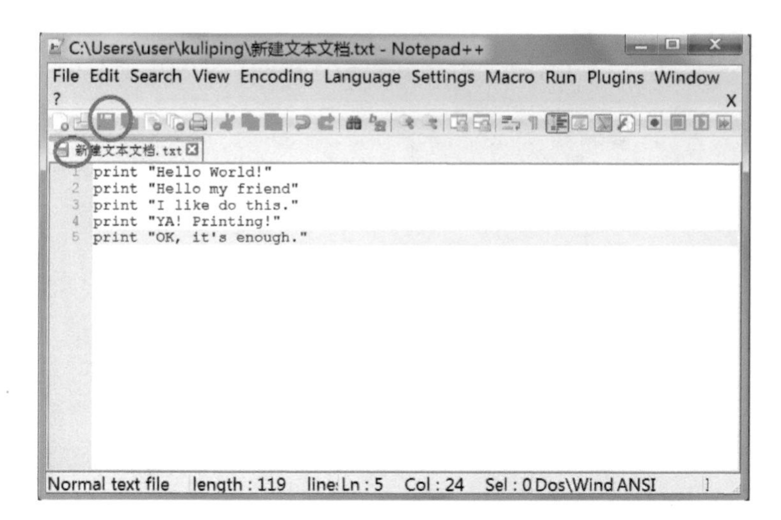

图 20

（6）通过使用命令来查看文件是否存在（cd kuliping 和 dir）

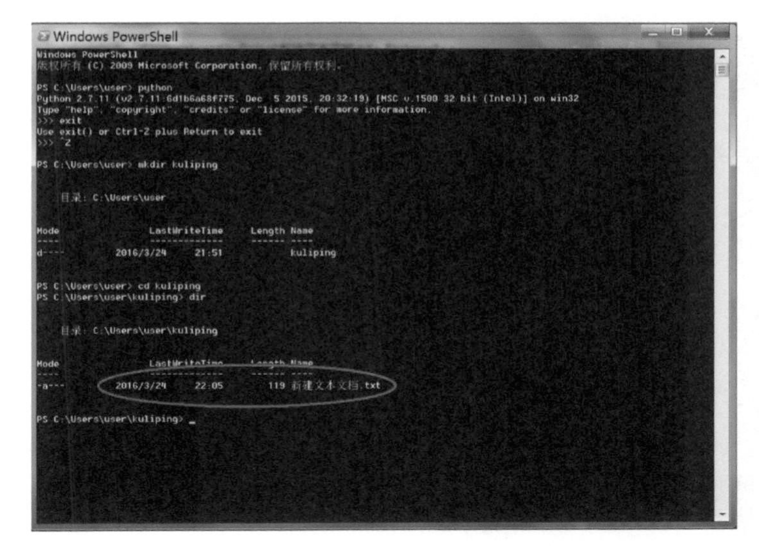

图 21

（7）将刚才编辑的文件另存为 Python 后缀格式（example01.py）

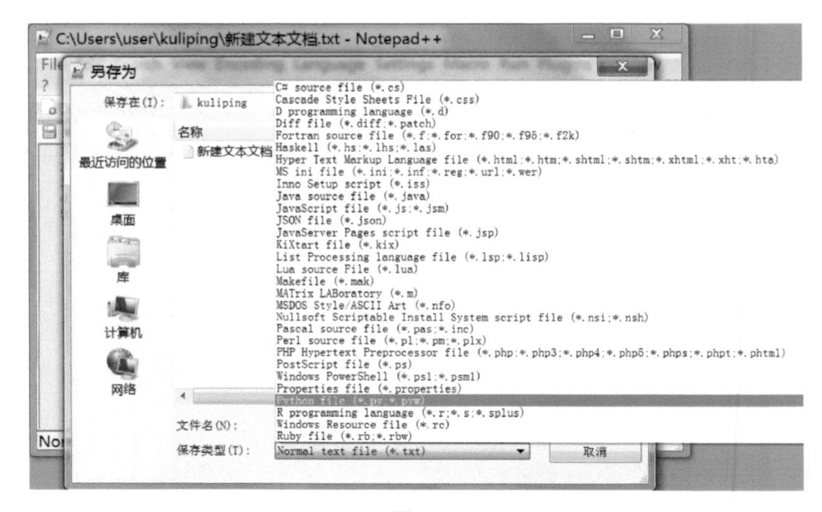

图 22

（8）再次打开，发现 print 已经变色，说明第一个 Python 程序书写成功

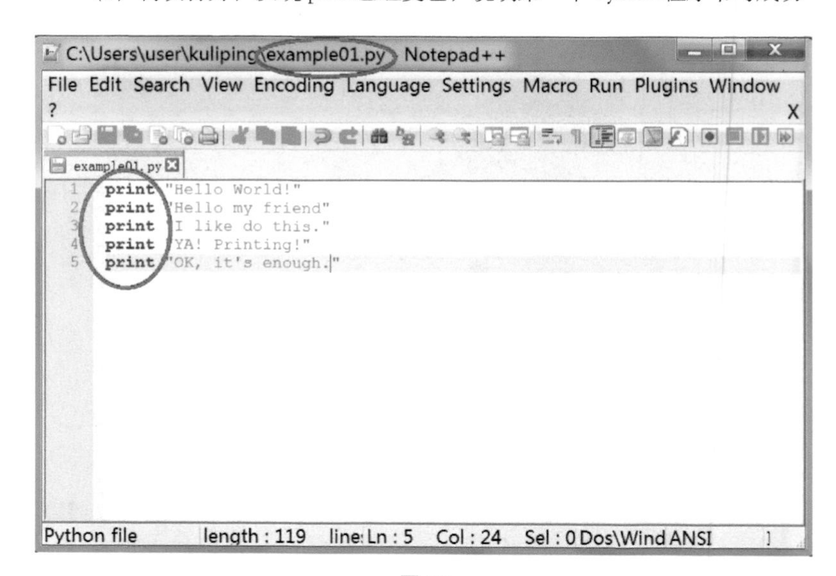

图 23

（9）通过 Shell 命令查看当前目录下文件

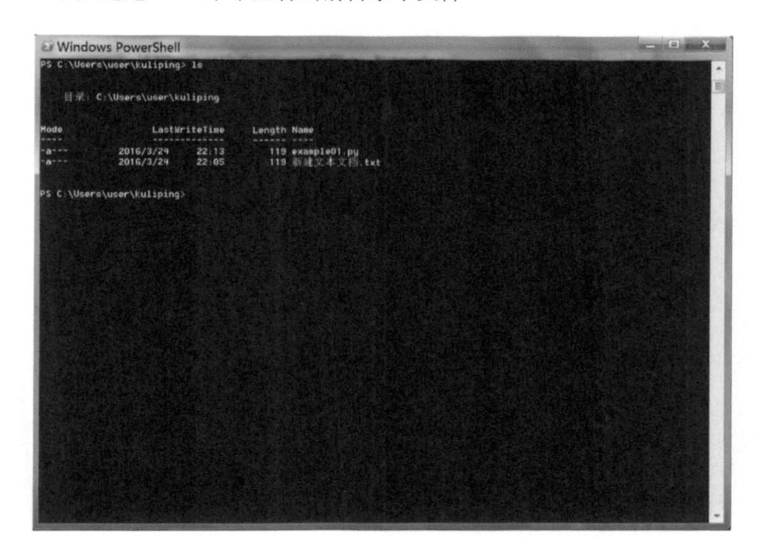

图 24

（10）通过 Python 命令执行 example01.py 文件

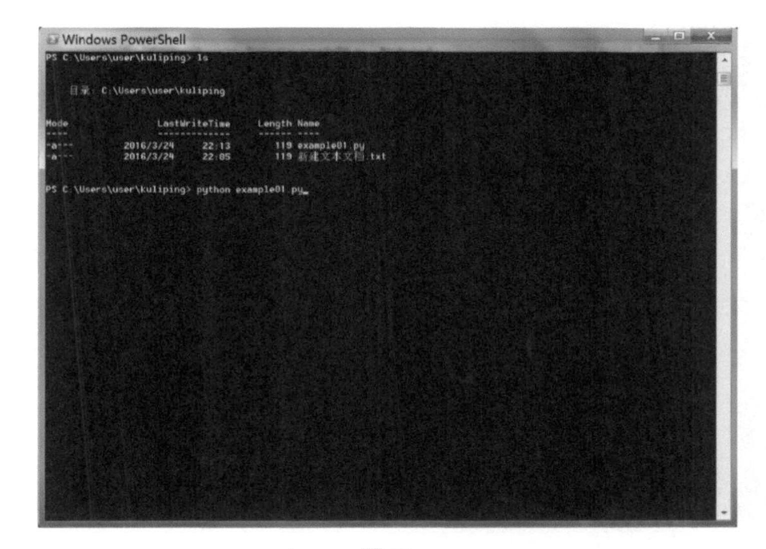

图 25

（11）第一个 Python 程序执行成功，打印“Hello Word！”等文本信息

图 26

（12）在 Python（example02.py）中写入中文进行打印（print" 我爱 python!"）

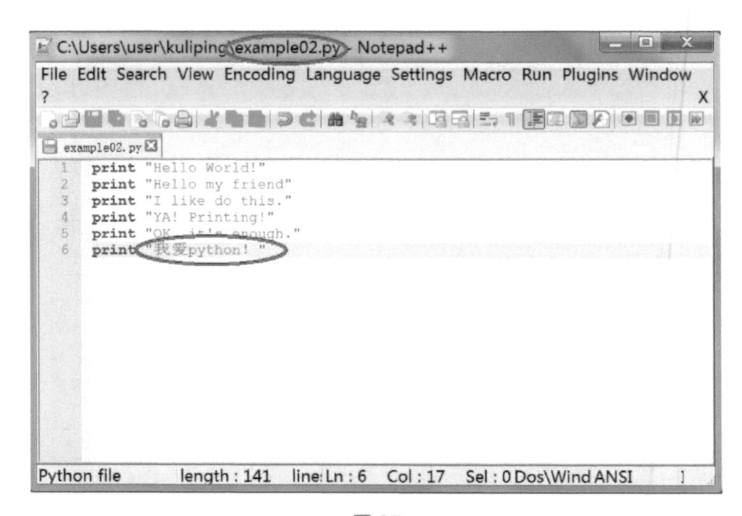

图 27

（13）系统报错信息（告知第 6 行不是 ASCII 编码的错误信息）

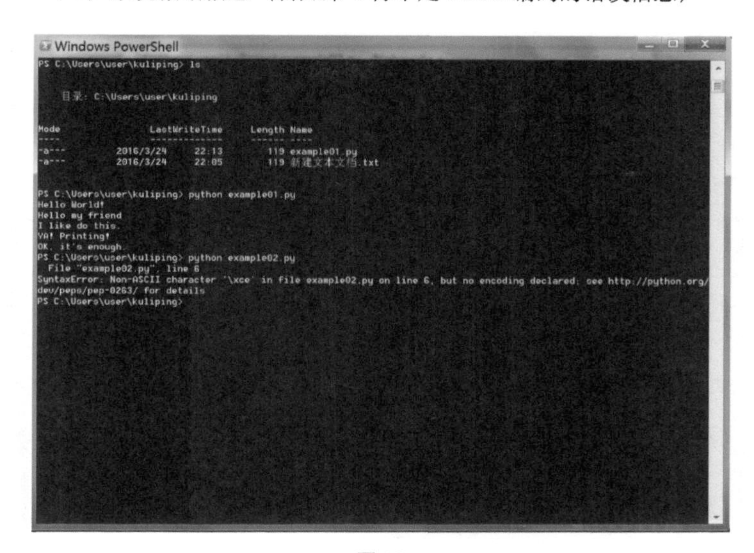

图 28

（14）在文本（example02.py）最后一行加入 utf-8 编码的脚本代码

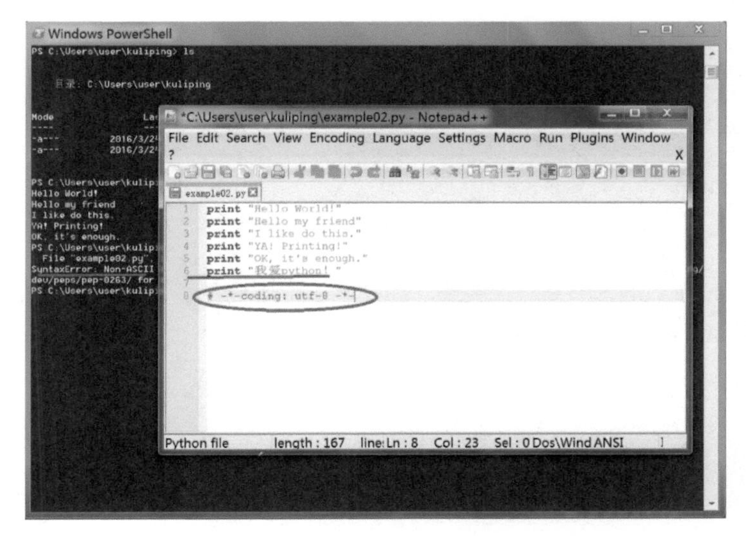

图 29

（15）在文本（example02.py）第一行加入 utf-8 编码的脚本代码

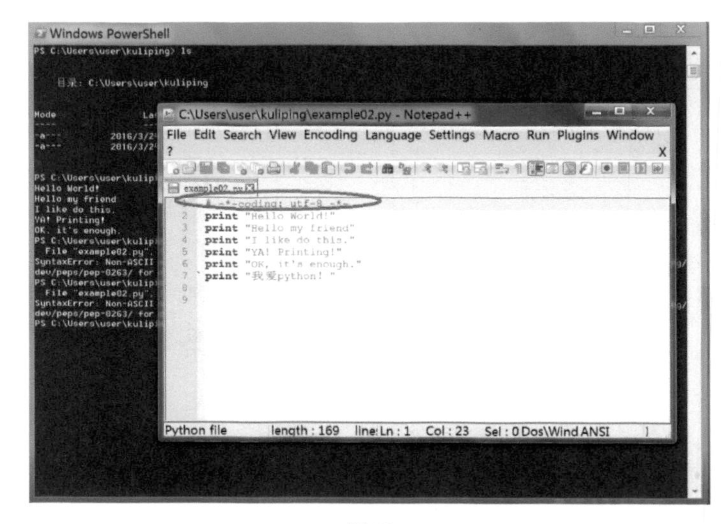

图 30

（16）执行结果说明在加入中文时需要在开头或结尾指定编码格式（utf-8）

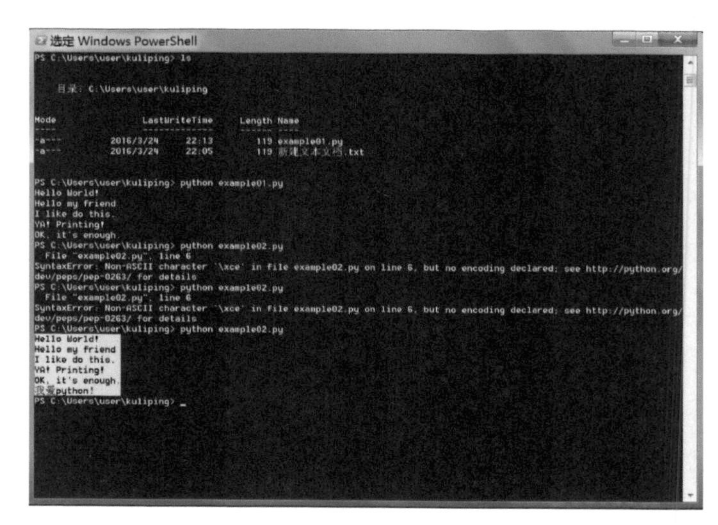

图 31

三、四则运算

（1）整数之间的四则运算

输入：

```
C:\Users\user\kuliping\example03.py - Notepad++
File Edit Search View Encoding Language Settings Macro Run Plugins Window ?
example03.py
1  # -*-coding: utf-8 -*-
2  print "老顾", 60+20/4
3  print "雯雯", 100-25*3%4
4
5  print "哈哈哈，算算看两人共得几分："
6  print 60+20/4+100-25*3%4
7
8  print "Is it ture that 60+20/4 > 100-25*3%4?"
9  print 60+20/4 > 100-25*3%4
10
11 print "What is 60+20/4?", 60+20/4
12 print "What is 100-25*3%4?", 100-25*3%4
13 print "Oh, that's the reason why it's False."
14
15 print "let's know more about this."
16 print "Is it greater?", 6 > -2
17 print "Is it greater or equal?", 5 >= -2
18 print "Is it less or equal?", 5 <= -2
19 print "Could you tell me how about the results?"
Python file    length : 541    line: Ln : 8    Col : 33    Sel : 0 Dos\Wind ANSI
```

图 32

输出：

```
选定 Windows PowerShell
Windows PowerShell
版权所有 (C) 2009 Microsoft Corporation。保留所有权利。

PS C:\Users\user> cd kuliping
PS C:\Users\user\kuliping> ls


    目录: C:\Users\user\kuliping


Mode                LastWriteTime     Length Name
----                -------------     ------ ----
-a---         2016/3/24     22:13        119 example01.py
-a---         2016/3/24     22:25        169 example02.py
-a---         2016/3/25      8:44        541 example03.py
-a---         2016/3/24     22:05        119 新建文本文档.txt


PS C:\Users\user\kuliping> python example03.py
老顾 65
雯雯 97
哈哈哈，算算看两人共得几分：
162
Is it ture that 60+20/4 > 100-25*3%4?
False
What is 60+20/4? 65
What is 100-25*3%4? 97
Oh, that's the reason why it's False.
let's know more about this.
Is it greater? True
Is it greater or equal? True
Is it less or equal? False
Could you tell me how about the results?
PS C:\Users\user\kuliping>
```

图 33

(2) 添加空格后的四则运算

输入：

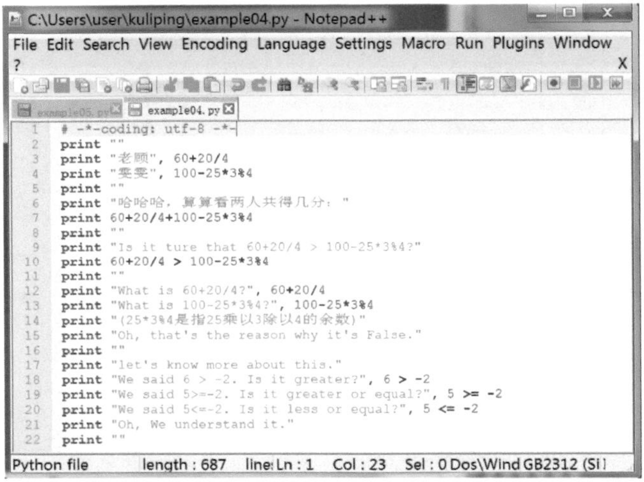

C:\Users\user\kuliping\example04.py - Notepad++

File Edit Search View Encoding Language Settings Macro Run Plugins Window ?

example05.py example04.py

```
1  # -*-coding: utf-8 -*-
2  print ""
3  print "老顾", 60+20/4
4  print "雯雯", 100-25*3%4
5  print ""
6  print "哈哈哈，算算看两人共得几分："
7  print 60+20/4+100-25*3%4
8  print ""
9  print "Is it ture that 60+20/4 > 100-25*3%4?"
10 print 60+20/4 > 100-25*3%4
11 print ""
12 print "What is 60+20/4?", 60+20/4
13 print "What is 100-25*3%4?", 100-25*3%4
14 print "(25*3%4是指25乘以3除以4的余数)"
15 print "Oh, that's the reason why it's False."
16 print ""
17 print "let's know more about this."
18 print "We said 6 > -2. Is it greater?", 6 > -2
19 print "We said 5>=-2. Is it greater or equal?", 5 >= -2
20 print "We said 5<=-2. Is it less or equal?", 5 <= -2
21 print "Oh, We understand it."
22 print ""
```

Python file   length : 687   line: Ln : 1   Col : 23   Sel : 0 Dos\Wind GB2312 (Si

图 34

输出：

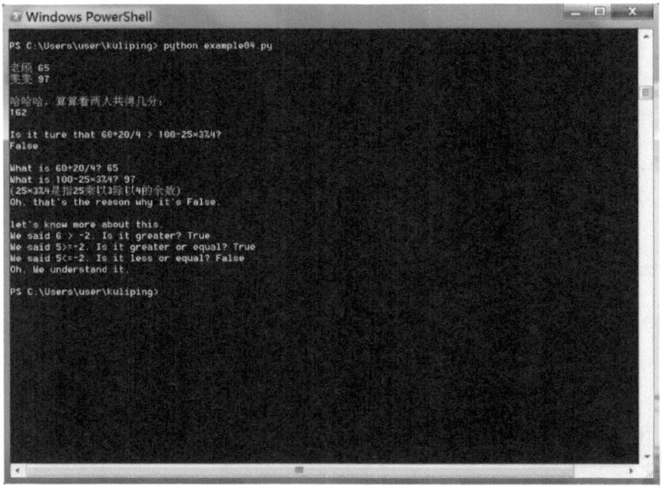

Windows PowerShell

```
PS C:\Users\user\kuliping> python example04.py

老顾 65
雯雯 97

哈哈哈，算算看两人共得几分：
162

Is it ture that 60+20/4 > 100-25×3%4?
False

What is 60+20/4? 65
What is 100-25×3%4? 97
(25×3%4是指25乘以3除以4的余数)
Oh, that's the reason why it's False.

let's know more about this.
We said 6 > -2. Is it greater? True
We said 5>=-2. Is it greater or equal? True
We said 5<=-2. Is it less or equal? False
Oh, We understand it.

PS C:\Users\user\kuliping>
```

图 35

(3) 浮点数之间的四则运算

输入：

```
C:\Users\user\kuliping\example05.py - Notepad++
File Edit Search View Encoding Language Settings Macro Run Plugins Window ?
example05.py

1  # -*-coding: utf-8 -*-
2  print ""
3  print "老顾", 60.0+20.0/4
4  print "雯雯", 100.0-25.0*3/4
5  print ""
6  print "哈哈哈，算算看两人共得几分："
7  print 60.0+20.0/4+100.0-25.0*3/4
8  print ""
9  print "Is it ture that 60+20/4 > 100-25*3/4?"
10 print 60.0+20.0/4 > 100.0-25.0*3/4
11 print ""
12 print "What is 60+20/4?", 60.0+20.0/4
13 print "What is 100-25*3/4?", 100.0-25.0*3/4
14 print "Oh, that's the reason why it's False."
15

Python file    length : 425    line Ln : 1    Col : 23    Sel : 0 Dos\Wind GB2312 (Si)
```

图 36

输出：

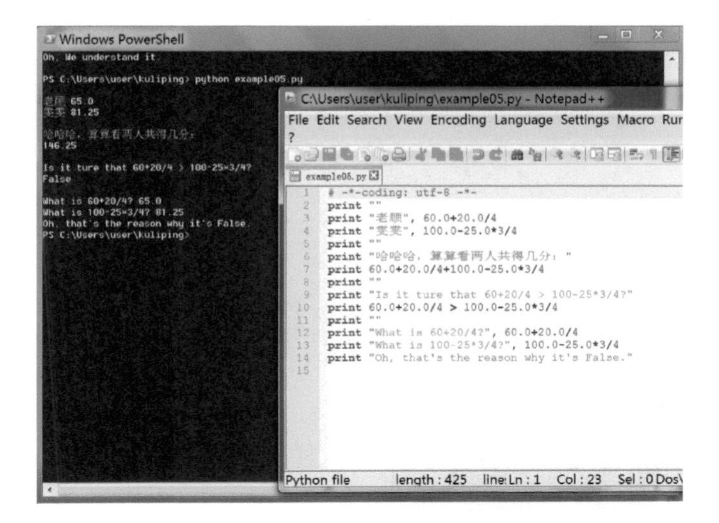

图 37

（4）整数浮点数之间运算的区别（之所以会出现不同在于计算机对整数和浮点数运算保留位数的不同）

输入：

C:\Users\user\kuliping\example06.py - Notepad++

File Edit Search View Encoding Language Settings Macro Run Plugins Window ?

example06.py

```
# -*-coding: utf-8 -*-
print ""
print "老顾", 60+20/4
print "雯雯", 100-25*3/4
print ""
print "哈哈哈，算算看两人共得几分："
print 60+20/4+100-25*3/4
print ""
print "What is 60+20/4?", 60+20/4
print "What is 100-25*3/4?", 100-25*3/4
print "Oh, the floating point number(浮点数)is important."
print ""
print "let's do it one again."
print ""
print "What is 60+20/4?", 60.0+20.0/4
print "What is 100-25*3/4?", 100.0-25.0*3/4
print "哈哈哈，算算看两人共得几分："
print 60.0+20.0/4+100.0-25.0*3/4
print ""
print "Do you see the different?"
print ""
```

Python file length : 599 line: Ln : 1 Col : 23 Sel : 0 Dos\Wind GB2312 (Si)

图 38

输出：

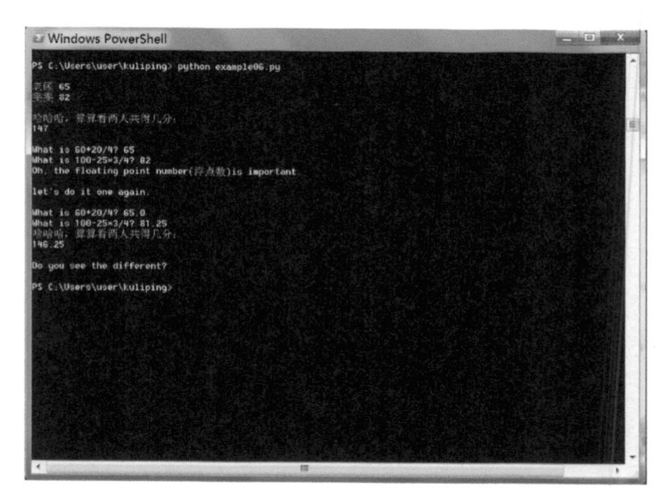

图 39

四、命名变量

(1) Python 无须像 Java 一样先定义变量后赋值

输入：

C:\Users\user\kuliping\example07.py - Notepad++

File Edit Search View Encoding Language Settings Macro Run Plugins Window ?

example07.py

```
1  # -*-coding: utf-8 -*-
2  classroom=10
3  seat_classroom=40
4  teacher=4
5  student=100
6  empty_classroom=classroom-teacher
7  max_student=teacher*seat_classroom
8  STrate=(student / teacher)
9  print ""
10 print "我们有",classroom,"教室。"
11 print "但是只有",teacher,"位老师。"
12 print ""
13 print "将有",empty_classroom,"间空教室。"
14 print "最多可以照顾",max_student,"位学生。"
15 print ""
16 print "现在登记就学的学生",student,"位。"
17 print "每位老师可以照顾",STrate,"位学生。"
18 print ""
19 print "所以我们安排",classroom-empty_classroom,"间教室",teacher,"位老师"
20 print "每间教室",STrate,"位学生。"
21 print ""
22
```

Python file　length : 661　line: Ln : 9　Col : 8　Sel : 0 | Dos\Wind GB2312 (Si)

图 40

输出（我们可以看到它的语法格式更加的灵活，像在写文章一样）：

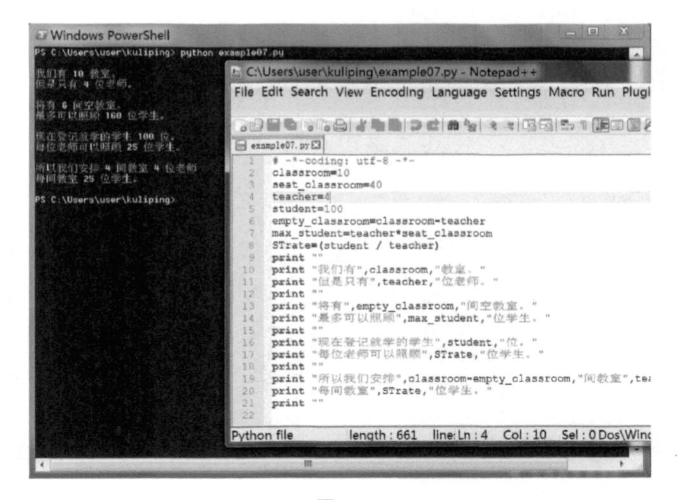

图 41

（2）格式化字符串，一般用 "" 或者 " 来表示字符串 “%s”

输入：

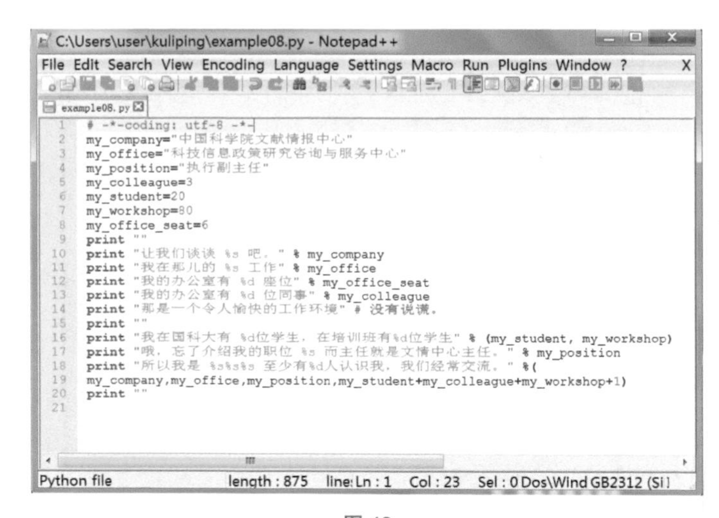

图 42

输出：

图 43

(3) 当 ' 和 "" 相遇时，一般是用 "" 中包括 ' 用来表示字符串内部的引号 ""

输入：

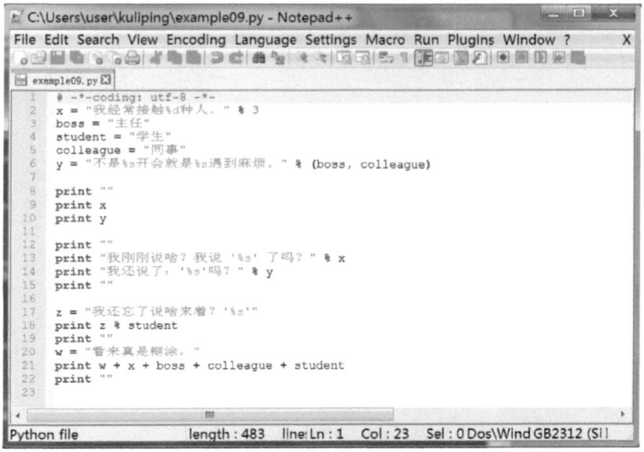

```
C:\Users\user\kuliping\example09.py - Notepad++

1  # -*-coding: utf-8 -*-
2  x = "我经常接触%d种人。" % 3
3  boss = "主任"
4  student = "学生"
5  colleague = "同事"
6  y = "不是%s开会就是%s遇到麻烦。" % (boss, colleague)
7
8  print ""
9  print x
10 print y
11
12 print ""
13 print "我刚刚说啥？我说 '%s' 了吗？" % x
14 print "我还说了：'%s'吗？" % y
15 print ""
16
17 z = "我还忘了说啥来着？'%s'"
18 print z % student
19 print ""
20 w = "看来真是糊涂，"
21 print w + x + boss + colleague + student
22 print ""
23

Python file    length : 483    line: Ln : 1    Col : 23    Sel : 0 Dos\Wind GB2312 (SI
```

图 44

输出：

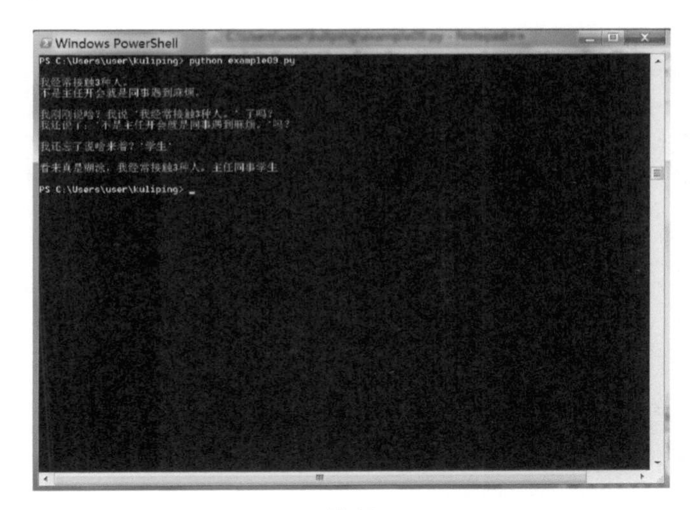

图 45

（4）当然我们有些时候还需要查看原数据，这时“%r”的作用尤为重要输入：

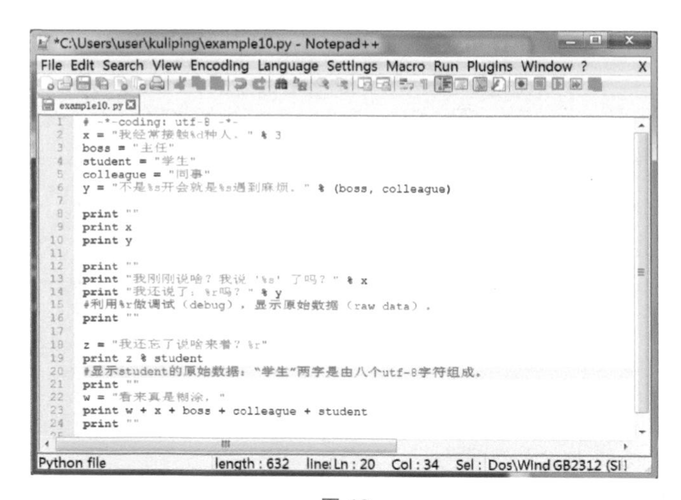

图 46

输出（我们可以看到已经输入原数据，但是它可能不是那么直观，只是编码格式问题）：

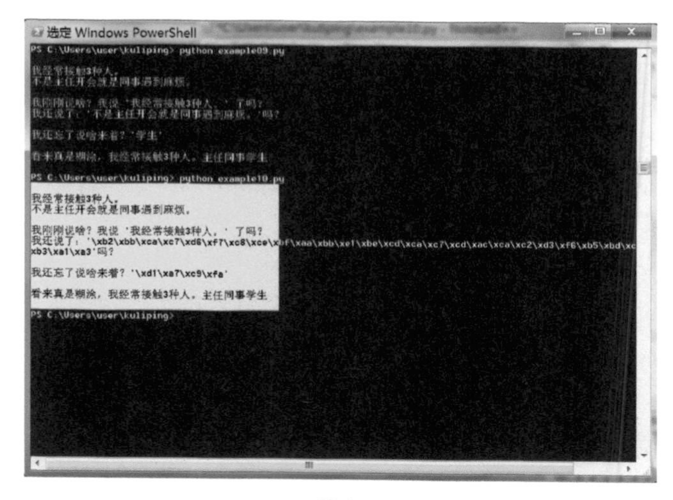

图 47

五、常用命令（Windows 环境下的 Python）

我们将要介绍一些在 Windows 环境下的 Python 命令，有助于我们更好地进行 Python 的学习，同时提高开发的效率。

（1）Shell 命令的 cd 命令（切换路径）

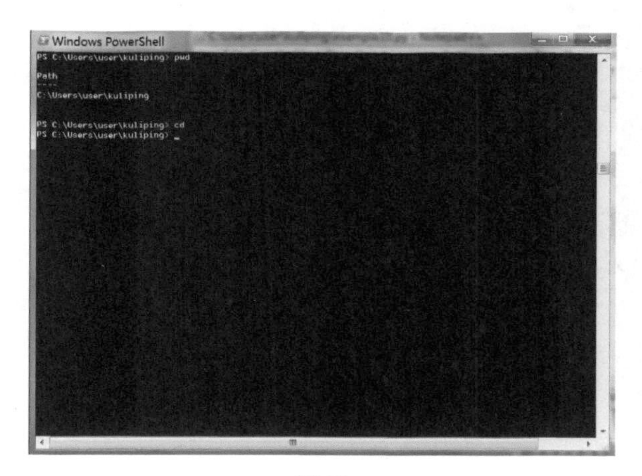

图 48

（2）创建目录命令

通过 cd 命令移动目录，在具体目录下使用 mkdir 建立新的目录：

```
Windows PowerShell
PS C:\Users\user\kuliping> cd
PS C:\Users\user\kuliping> mkdir temp

    目录: C:\Users\user\kuliping

Mode                LastWriteTime     Length Name
----                -------------     ------ ----
d----          2016/3/25     12:32            temp

PS C:\Users\user\kuliping> mkdir temp\friend

    目录: C:\Users\user\kuliping\temp

Mode                LastWriteTime     Length Name
----                -------------     ------ ----
d----          2016/3/25     12:33            friend

PS C:\Users\user\kuliping> mkdir temp/friend/things/alan

    目录: C:\Users\user\kuliping\temp\friend\things

Mode                LastWriteTime     Length Name
----                -------------     ------ ----
d----          2016/3/25     12:34            alan

PS C:\Users\user\kuliping> _
```

图 49

（3）当然你还可以通过 mkdir 命令创建带有空格的目录“so cool”

```
Windows PowerShell
Mode                LastWriteTime     Length Name
----                -------------     ------ ----
d----         2016/3/25     12:32            temp


PS C:\Users\user\kuliping> mkdir temp\friend


    目录: C:\Users\user\kuliping\temp


Mode                LastWriteTime     Length Name
----                -------------     ------ ----
d----         2016/3/25     12:33            friend


PS C:\Users\user\kuliping> mkdir temp/friend/things/alan


    目录: C:\Users\user\kuliping\temp\friend\things


Mode                LastWriteTime     Length Name
----                -------------     ------ ----
d----         2016/3/25     12:34            alan


PS C:\Users\user\kuliping> mkdir temp/friend/things/alan/"so cool"


    目录: C:\Users\user\kuliping\temp\friend\things\alan


Mode                LastWriteTime     Length Name
----                -------------     ------ ----
d----         2016/3/25     12:47            so cool
```

图 50

（4）你始终可以通过 cd 命令进行目录的切换

图 51

（5）当你需要查看目录下的文件时，命令 ls 尤为关键

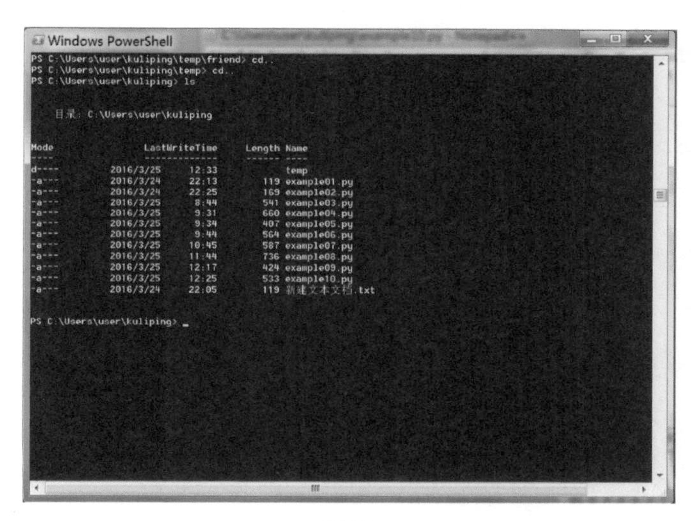

图 52

（6）你还可以通过联合使用 cd+ls 命令来查看具体某个路径下文件的具体的描述信息

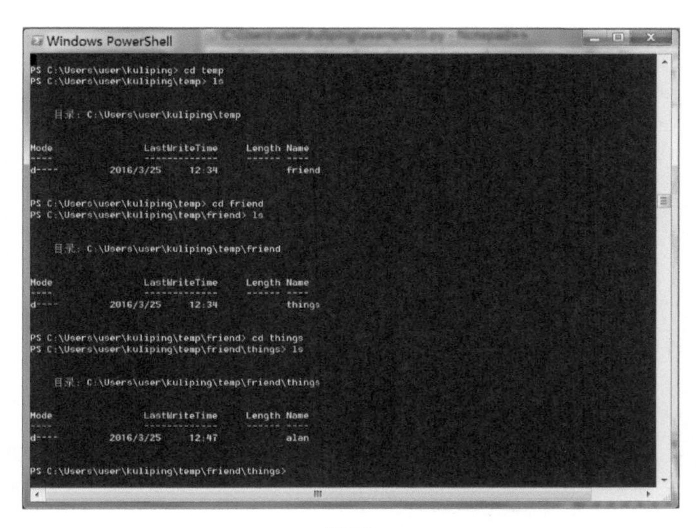

图 53

（7）如果你想删除具体某个目录，此时需要输入 rmdir 命令（因为需要删除，必要的提示信息还是需要的）

图 54

（8）删除挂起

图 55

（9）如果需要一次性切换多个目录，可用 pushd+popud 命令

```
Windows PowerShell

Mode                LastWriteTime     Length Name
----                -------------     ------ ----
d----         2016/3/25     17:00            money

PS C:\Users\user\kuliping\temp\pock> cd money
PS C:\Users\user\kuliping\temp\pock\money> mkdir RMB

    目录: C:\Users\user\kuliping\temp\pock\money

Mode                LastWriteTime     Length Name
----                -------------     ------ ----
d----         2016/3/25     17:00            RMB

PS C:\Users\user\kuliping\temp\pock\money> mkdir dollar

    目录: C:\Users\user\kuliping\temp\pock\money

Mode                LastWriteTime     Length Name
----                -------------     ------ ----
d----         2016/3/25     17:00            dollar

PS C:\Users\user\kuliping\temp\pock\money> cd
PS C:\Users\user\kuliping\temp\pock\money> cd ../..
PS C:\Users\user\kuliping\temp> pushd pock/money/RMB
PS C:\Users\user\kuliping\temp\pock\money\RMB> popd
PS C:\Users\user\kuliping\temp> pwd

Path
----
C:\Users\user\kuliping\temp

PS C:\Users\user\kuliping\temp>
```

图 56

（10）创建空文件夹，用到的命令是：New-item (New 的 N 需要大写)

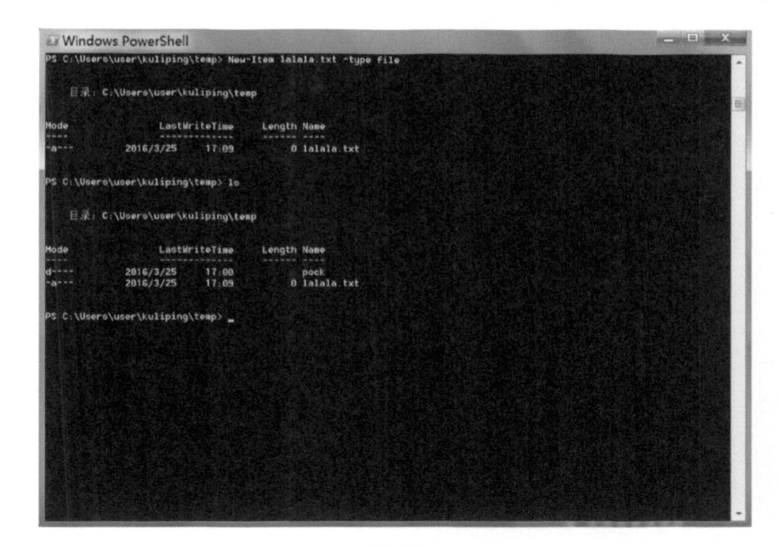

图 57

（11）我们有时需要复制文件，cp 命令使我们可以在当前目录下进行复制，也可复制到其他目录，复制完后，再通过 ls 命令查看具体信息

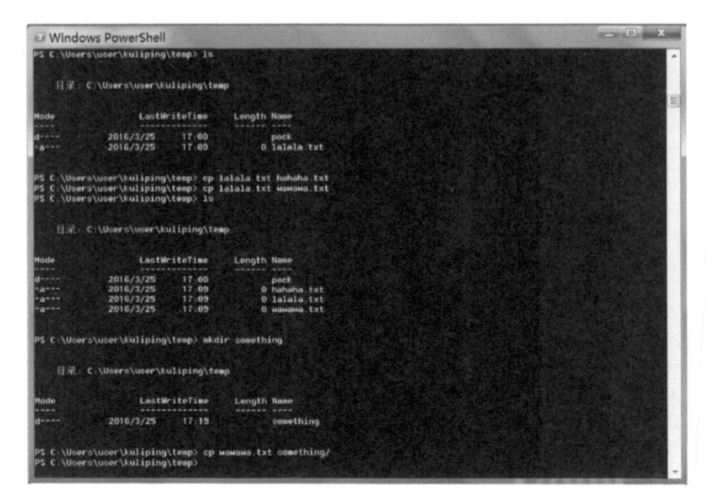

图 58

（12）除了对文件复制之外，我们可以基于文件夹进行复制操作，使用命令 cp -r

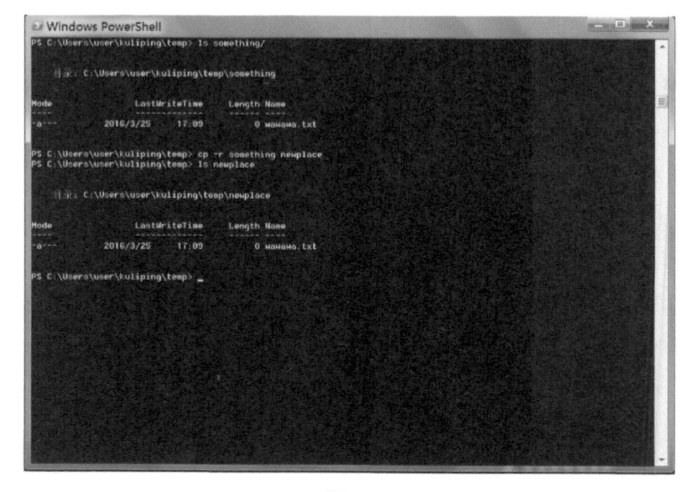

图 59

（13）cp -recure 命令也提供复制功能

图 60

（14）当我们需要移动某些文件时，mv 命令就发挥功效（相当于重新命名）

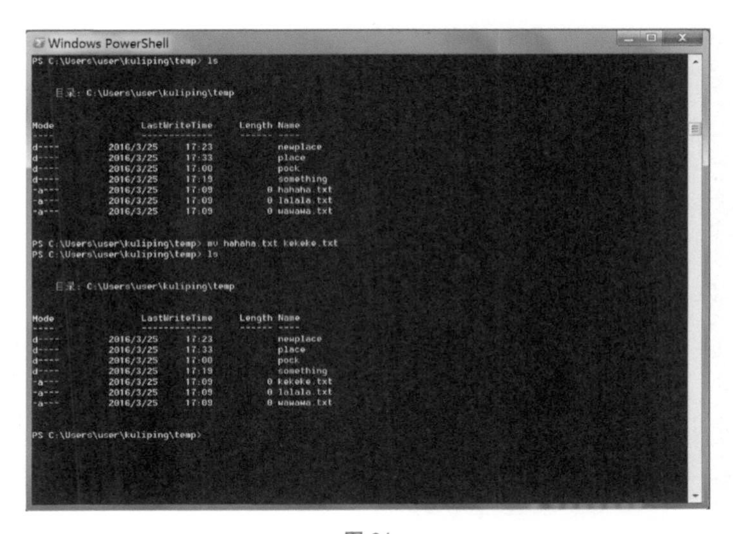

图 61

（15）你也可以对文件进行重新命名操作

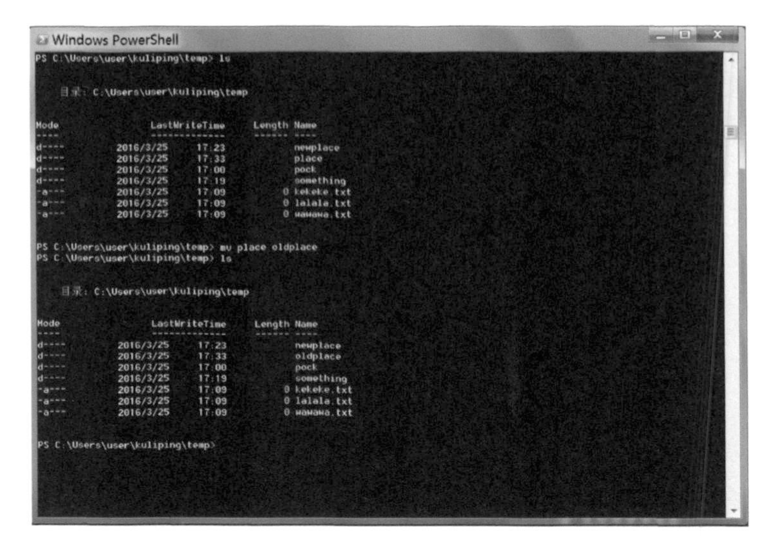

图 62

（16）more +filename 命令可以查看文件的具体内容

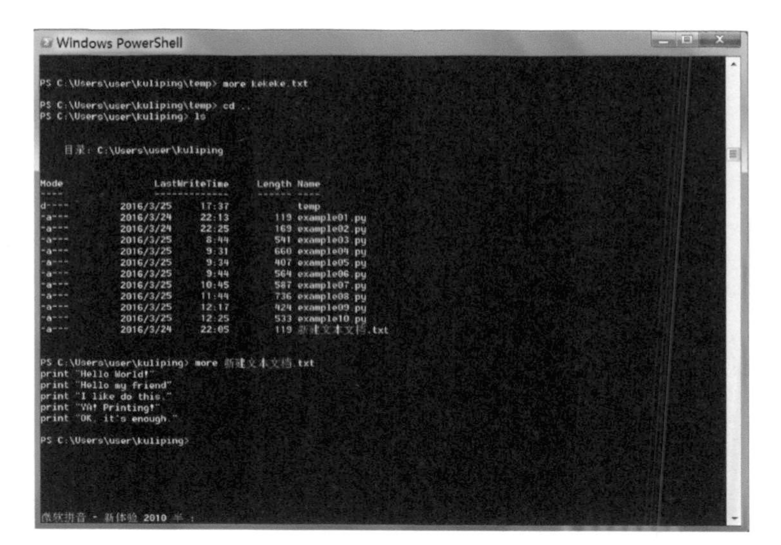

图 63

（17）cat 命令也可以查看文本中的具体内容

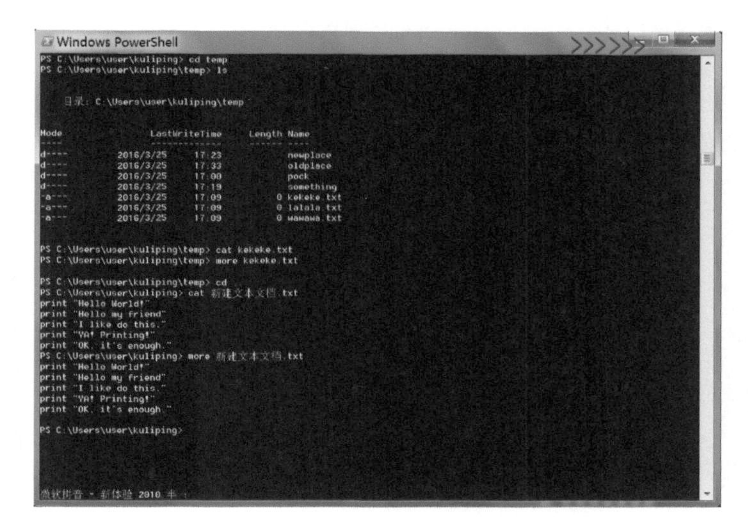

图 64

（18）更加简短的命令 rm 可以帮助你删除不需要的文件（当内部有子文件时会有提示）

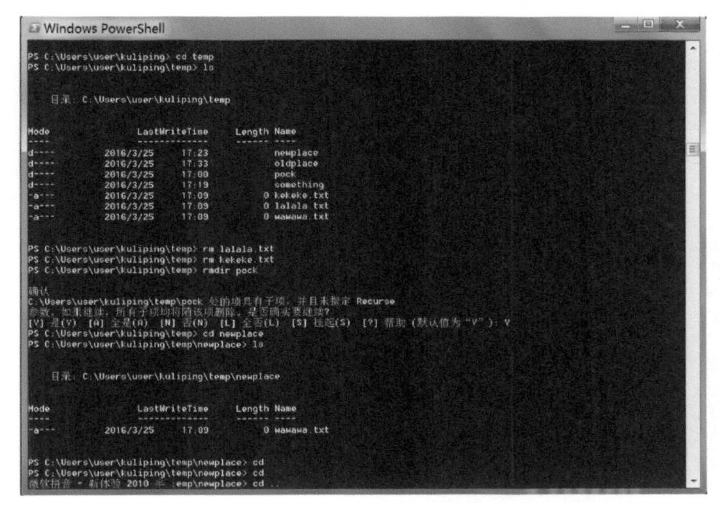

图 65

（19）rm -r 命令可以删除不需要的文件（即使删除文件内部有子文件时也是直接执行不会有提示，因此删除时使用 rmdir 命令更妥当）

图 66

（20）执行一大堆命令后如果想退出 shell 框，你可以直接点击关闭按钮，或者输入 exit

图 67